索　引

学名索引

A

Ablabesmyia　1321, 1324-1326
Ablabesmyia (Ablabesmyia) amamisimplex　1325, 1326
Ablabesmyia (Ablabesmyia) jogancornua　1325, 1326
Ablabesmyia (Ablabesmyia) monilis　1315, 1316, 1320, 1321, 1325, 1326
Ablabesmyia (Ablabesmyia) prorasha　1325, 1326
Ablabesmyia (Karelia) lata　1326
Ablabesmyia (Karelia) makarchenkoi　1326
Ablabesmyia (Karelia) perexilis　1326
Acanthocnema sternalis　1653
Acentrella　92, 93, 97
Acentrella gnom　93, 94, 97
Acentrella lata　93, 94, 97
Acentrella sibirica　93, 94, 97
Acentrella suzukiella　93
Acentropinae　696
Achyrolimonia　832
Aciagrion　170, 174
Aciagrion migratum　169, 174, 249
Acilius　733, 734, 736
Acilius japonicus　736
Acilius kishii　736, 737
Acisoma　219, 229
Acisoma panorpoides panorpoides　229, 260
Acroneuria　295, 296, 299
Acroneuria jouklii　297
Acroneuriinae　296
Acroneuriini　295, 296, 299
Acroneuriini Gen. sp.　297, 298
Acropedes group　476, 481, 486, 489
Actina　1447, 1451
Actina nitens　1451
Acutipula　854
Acymatopus　1559, 1562
Acymatopus femoralis　1562
Acymatopus longisetosus　1562
Acymatopus major　1562, 1564
Acymatopus minor　1562
Adelphomyia　814
Adephaga　712
Adicella　645, 648-650
Adicella makaria　645, 654
Adicella odamiyamensis　645, 654
Adicella paludicola　645, 654
Adicella strigillata　645, 654
Adicella trichotoma　645, 654
Adlimitans group　617, 625
Aedes　1044, 1045, 1060
(*Aedes*)　1061, 1066, 1081
Aedes (Aedes) cinereus　1199

Aedes (Aedes) esoensis　1065, 1081, 1195, 1196, 1199, 1266
Aedes (Aedes) sasai　1065, 1081, 1082, 1198, 1199, 1268
Aedes (Aedes) yamadai　1065, 1081, 1082, 1197, 1199, 1267
Aedes (Aedimorphus) alboscutellatus　1062, 1080, 1189, 1262
Aedes (Aedimorphus) vexans nipponii　1062, 1080, 1190, 1191, 1263
Aedes (Edwardsaedes) bekkui　1064, 1081, 1194
Aedes (Finlaya) albocinctus　1064, 1071, 1073
Aedes (Finlaya) hatorii　1062, 1070, 1072, 1169, 1244
Aedes (Finlaya) japonicus　1070, 1071
Aedes (Finlaya) japonicus amamiensis　1064, 1072, 1242
Aedes (Finlaya) japonicus japonicus　1064, 1071, 1167, 1168, 1241
Aedes (Finlaya) japonicus yaeyamensis　1064, 1072, 1243
Aedes (Finlaya) kobayashii　1063, 1071, 1073, 1173, 1248
Aedes (Finlaya) koreicoides　1063, 1071, 1074, 1175, 1250
Aedes (Finlaya) nipponicus　1064, 1071, 1074, 1176, 1251
Aedes (Finlaya) nishikawai　1064, 1071, 1074, 1177, 1252
Aedes (Finlaya) okinawanus　1063, 1071, 1073
Aedes (Finlaya) okinawanus okinawanus　1073, 1174, 1249
Aedes (Finlaya) okinawanus taiwanus　1074, 1249
Aedes (Finlaya) oreophilus　1063, 1070, 1074, 1178, 1253
Aedes (Finlaya) savoryi　1063, 1070, 1073, 1171, 1246
Aedes (Finlaya) seoulensis　1064, 1071, 1073, 1172, 1247
Aedes (Finlaya) togoi　1063, 1070, 1072, 1170, 1245
Aedes (Finlaya) watasei　1063, 1070, 1074, 1179, 1254
Aedes (Geoskusea) baisasi　1064, 1080, 1192, 1264
Aedes (Harbachius) nobukonis　1082, 1083, 1200
Aedes (Neomacleaya) atriisimilis　1065, 1082, 1083, 1202, 1203, 1269
Aedes (Neomelaniconion) lineatopennis　1062, 1081, 1193, 1265
Aedes (Ochlerotatus) akkeshiensis　1065, 1068, 1069, 1164, 1240
Aedes (Ochlerotatus) communis　1065, 1067, 1069, 1160, 1238
Aedes (Ochlerotatus) diantaeus　1065, 1068, 1070, 1166
Aedes (Ochlerotatus) dorsalis　1065, 1067, 1068, 1155, 1236
Aedes (Ochlerotatus) excrucians　1065, 1068, 1156, 1157, 1237
Aedes (Ochlerotatus) hakusanensis　1028, 1066, 1067, 1069, 1163, 1239
Aedes (Ochlerotatus) hokkaidensis　1065, 1067, 1069, 1162, 1239
Aedes (Ochlerotatus) impiger daisetsuzanus　1028, 1065, 1067, 1068, 1237
Aedes (Ochlerotatus) intrudens　1064, 1068, 1069, 1165, 1240
Aedes (Ochlerotatus) punctor　1065, 1067, 1069, 1161,

1238
Aedes (Ochlerotatus) sticticus 1067, 1069, 1159
Aedes (Ochlerotatus) vigilax 1065, 1067, 1068, 1154
Aedes (Ochlerotaus) impiger daisetsuzanus 1158
Aedes (Stegomyia) aegypti 1063, 1076, 1077, 1079, 1186, 1187
Aedes (Stegomyia) albopictus 1062, 1075-1078, 1183, 1184, 1257
Aedes (Stegomyia) daitensis 1062, 1075-1077, 1181
Aedes (Stegomyia) flavopictus 1077, 1078
Aedes (Stegomyia) flavopictus downsi 1062, 1076, 1078, 1259
Aedes (Stegomyia) flavopictus flavopictus 1062, 1075, 1185, 1258
Aedes (Stegomyia) flavopictus miyarai 1062, 1076, 1079, 1260
Aedes (Stegomyia) galloisi 1062, 1075-1077, 1182, 1256
Aedes (Stegomyia) riversi 1062, 1075-1077, 1180, 1255
Aedes (Stegomyia) wadai 1063, 1076, 1077, 1079, 1188, 1261
Aedes (Verrallina) iriomotensis 1083, 1201
(Aedimorphus) 1061, 1066, 1079
Aeschnophlebia 183, 187
Aeschnophlebia anisoptera 187, 188, 251
Aeschnophlebia longistigma 187, 253
Aeshna 183, 189
Aeshna crenata 189
Aeshna juncea 189, 253
Aeshna mixta soneharai 189, 190
Aeshna subarctica subarctica 184, 189, 190
Aeshnidae 180, 183
Afrolimnophila 815
Afrolimonia 831
Agabinae 718, 719, 731, 737
Agabus 731, 732
Agabus affinis 732
Agabus japonicus 732, 737
Agapetus 514, 517, 519
Agapetus budoensis 517, 519, 521
Agapetus hieianus 521
Agapetus inaequispinosus 517, 519, 521
Agapetus japonicus 518, 521
Agapetus komanus 521
Agapetus yasensis 517-519, 521
Agathon 865, 866, 868, 910, 913, 914
Agathon bilobatoides 861, 868, 869, 874, 914, 915
Agathon bispinus 868, 869, 871, 914, 915
Agathon ezoensis 868, 872, 873, 913, 915
Agathon iyaensis 913, 914
Agathon japonicus 861, 868-870, 911, 913, 914, 915
Agathon longispinus 914-916
Agathon montanus 868, 869, 872, 914-916
Agraphydrus 752, 754, 757
Agraphydrus ishiharai 757
Agraphydrus luteilateralis 757
Agraphydrus narusei 757, 761
Agraphydrus ogatai 757
Agraphydrus ryukyuensis 757
Agraptocorixa 355
Agraptocorixa hyalinipennis 343, 348, 349, 353
Agraptocorixini 348

Agriocnemis 170, 172
Agriocnemis femina oryzae 172, 173, 249
Agriocnemis pygmaea 172, 173
Agrionoptera 219, 223
Agrionoptera insignis insignis 182, 223, 260
Agrionoptera sanguinolenta sanguinolenta 223
Agriotypinae 689
Agriotypus 692
Agriotypus gracilis 692, 693
Agriotypus silvestris 690, 692, 693
Agrypnia 585, 589
Agrypnia acristata 448, 585, 588
Agrypnia incurvata 585, 588
Agrypnia picta 585, 588
Agrypnia sordida 585, 586, 588
Agrypnia ulmeri 585, 588
Agurayusurika 1384
Agurayusurika toganigra 1386
Ainuyusurika 1408
Ainuyusurika tuberculata 1414
Alainites 92-94, 97
Alainites atagonis 94, 95
Alainites florens 94
Alainites yoshinensis 94, 97
Alliopsis sepiella 1655
Allocladius 1390, 1391
Allocladius cleborae 1389
Allocldius bothnicus 1404
Allodessus 724, 725
Allodessus megacephalus 725, 727
Allognosta 1447, 1450
Allognosta fuscitarasis 1451
Allognosta sp. 1449
Allomyia 631, 633
Allomyia acerosa 631, 632
Allomyia acicularis 631, 632
Allomyia bifoliolata 631, 632
Allomyia coronae 631, 632
Allomyia curvata 631, 632
Allomyia delicatula 628, 631, 632
Allomyia dilatata 631, 632
Allomyia gracillima 631, 632
Allomyia pumila 631, 632
Allopachria 722, 723
Allopachria bimaculata 724, 727
Allopachria flavomaculata 723
Alloperla 304-306
Alloperla ishikariana 305, 307
Alloperla nipponica 307
Alloperlini 305
Alotanypus 1320, 1324, 1327
Alotanypus kuroberobustus 1318-1320, 1327
Amalopis 800, 804
Ameletidae 40, 57, 59, 88-90
Ameletus 88-90
Ameletus aethereus 88
Ameletus costalis 40, 88-91
Ameletus croceus 88
Ameletus kyotensis 40, 88-91
Ameletus montanus 88
Ameletus montanus montanus 89-91

Ameletus subalpinus　40, 88-91
Amnihayesomyia　1323, 1324, 1327
Amnihayesomyia ikawensis　1322, 1323, 1327
Amphinemura　311-313, 315
Amphinemura longispina　314
Amphinemura (*megaloba*) sp.　312
Amphinemura sp.　278
Amphinemura zonata　314
Amphinemurinae　315
Amphiops　753, 759
Amphiops mater　759, 761
Anacaena　753, 754, 756
Anacaena asahinai　756
Anaciaeschna　183, 190
Anaciaeschna jaspidea　184, 191
Anaciaeschna martini　190, 191, 253
Anatina group　478, 485, 489, 493
Anax　183, 191
Anax guttatus　191-193
Anax junius　193
Anax nigrofasciatus nigrofasciatus　191, 192
Anax panybeus　191-193
Anax parthenope julius　191, 192, 252
Anchycteis　765
Androprosopa　1271, 1274-1276
Androprosopa japonica　1271-1274
Androprosopa striata　1271-1274
Angulata group　476, 482, 488, 490
Anisocentropus　465, 661, 662, 664
Anisocentropus kawamurai　661, 662
Anisocentropus magnificus　661, 662
Anisocentropus pallidus　661, 662
Anisogomphus　195
Anisogomphus maacki　194, 195, 255
Anisopinae　365, 367, 368
Anisops exiguus　364-368
Anisops kuroiwae　364-368
Anisops nasutus　363-368
Anisops occipitalis　364-366, 368
Anisops ogasawarensis　364-366, 368
Anisops stali　363-366, 368
Anisops tahitiensis　364-366, 368, 369
Anisoptera　152, 180
Anisozygoptera　152, 180
Anopheles　1038
(*Anopheles*)　1039
Anopheles (*Anopheles*) *bengalensis*　1039, 1040, 1100
Anopheles (*Anopheles*) *engarensis*　1040, 1042, 1106
Anopheles (*Anopheles*) *koreicus*　1040, 1041, 1102
Anopheles (*Anopheles*) *lesteri*　1040, 1104, 1107
Anopheles (*Anopheles*) *lindesayi japonicus*　1039, 1041, 1102
Anopheles (*Anopheles*) *omorii*　1039, 1040, 1101
Anopheles (*Anopheles*) *saperoi*　1040, 1041, 1103
Anopheles (*Anopheles*) *sinensis*　1040, 1041, 1102, 1104, 1105
Anopheles (*Anopheles*) *sineroides*　1040, 1042, 1102, 1104
Anopheles (*Anopheles*) *yatsushiroensis*　1040, 1042, 1104
Anopheles (*Cellia*) *minimus*　1039, 1097, 1098
Anopheles (*Cellia*) *tessellatus*　1039, 1099
Anophelinae　1038

Anotogaster　208
Anotogaster klossi　208
Anotogaster sieboldii　181, 207, 208, 258
Anthomyiidae　796, 1655
Antillocladius　1379, 1387, 1390
Antillocladius sp.　1394, 1401
Antocha　809, 830, 832
Antocha bidigitata　833
Antocha bifida　833
Antocha brevinervis　833
Antocha brevistyla　833
Antocha dentifera　808, 830, 833
Antocha dilatata　835
Antocha gracillima　835
Antocha latistilus　833
Antocha mitosanensis　835
Antocha platyphallus　835
Antocha sagana　833
Antocha satsuma　835
Antocha saxicola　834
Antocha spinifer　833, 836
Antocha subconfluenta　833
Antocha tuberculata　833
Antocha uyei　833, 836
Apatania　464, 473, 629, 633
Apatania aberrans　628-630
Apatania biwaensis　444, 629
Apatania chokaiensis　629
Apatania crassa　629, 630
Apatania insularis　629, 630
Apatania ishikawai　629, 630
Apatania kyotoensis　629, 630
Apatania momoyaensis　629, 630
Apatania nikkoensis　629, 630
Apatania parvula　629, 630
Apatania sachalinensis　629, 630
Apatania shirahatai　629
Apatania tsudai　629, 630
Apataniidae　457, 459, 464, 473, 628, 630, 632
Aphelocheiridae　333, 360, 361
Aphelocheirus kawamurae　360, 361
Aphelocheirus nawae　361, 362
Aphelocheirus vittatus　361, 362
Apistomyia　865, 899, 910, 911, 924, 925
Apistomyia nigra　925, 926
Apistomyia uenoi　861, 903, 904, 911, 925, 926
Apometriocnemus　1376
Apometriocnemus japonica　1377
Appasus　339
Appasus japonicus　337-339
Appasus major　337-339
Apsectrotanypus　1319, 1324, 1328
Apsectrotanypus yoshimurai　1315, 1318, 1319, 1328
Apsilochorema　461, 462, 468, 471, 498
Apsilochorema sutshanum　498, 499
Apsilops japonicus　693
Apteroperla　318, 327
Apteroperla sp.　317, 319
Aquarius elongatus　394, 396, 399, 402
Aquarius paludum　394, 396
Aquarius paludum amamiensis　394, 396, 399, 402

Aquarius paludum paludum   394, 396, 399, 402
Arctoconopa   810, 824
Arctoconopa carbonipes   826
Arctocorisa kurilensis   343, 348, 349, 353, 355
Arctopsyche   567, 568
Arctopsyche amurensis   567
Arctopsyche sp. AD   569
Arctopsyche sp. AE   569
Arctopsyche spinifera   445, 567, 570
Arctopsychinae   456, 567, 569, 570
Arctotipula   854
Arcynopterygini   287
Argyra   1558, 1560
Armigeres   1044, 1045, 1083
Armigeres (*Armigeres*) *subalbatus*   1083, 1204, 1205
Asclepios shiranui   395, 405, 406
Asiagomphus   195, 198
Asiagomphus amamiensis   198
Asiagomphus amamiensis amamiensis   196, 198, 199
Asiagomphus amamiensis okinawanus   198, 199, 256
Asiagomphus melaenops   194, 198
Asiagomphus pryeri   194, 196, 198
Asiagomphus yayeyamensis   198, 199
Asuragina   1457
Asuragina caerulescens   1456-1460
Asynarchus   614, 622
Asynarchus sachalinensis   448, 621, 622, 626
Asyndetus   1558, 1560
Atarba   821
Athericidae   794, 1455
Atherix   1457
Atherix basilica   1456-1459
Atherix ibis   1456-1460
Athripsodes   643, 648, 649
Athripsodes tsudai   643, 650, 651, 653
Athripsodini   643, 648
Atrichops   1457
Atrichops fontinalis   1458, 1459, 1461
Atrichops fulvithorax   1461
Atrichops morimotoi   1456, 1458-1460
Atrocalopteryx   155, 156
Atrocalopteryx atrata   156, 246
Atylotus   1468, 1472, 1478
Atylotus angusticornis   1472
Atylotus bivittateinus   1474
Atylotus horvathi   1472, 1473
Atylotus keegani   1472, 1473
Atylotus sawadai   1472
Atylotus suzukii   1468, 1470, 1472, 1473, 1477
Atypophthalmus   832
Austrolimnophila   814

B

Baeoctenus   1382, 1395
Baeoctenus bicolr   1396
Baetidae   40, 57, 58, 91, 97-106
Baetiella   92, 93, 95, 98
Baetiella bispinosa   95, 98
Baetiella japonica   40, 52, 95, 98
Baetis   92, 93, 95, 99-101
Baetis acuminatus   95

Baetis bicaudatus   95, 107
Baetis celcus   95
Baetis fuscatus   95
Baetis hyugensis   95
Baetis iriomotensis   95
Baetis lacteus   95
Baetis muticus   94
Baetis nakanoensi   95
Baetis sahoensis   95, 96, 100, 101, 107
Baetis scambus   95
Baetis shinanonis   95
Baetis sp. F   96, 100, 101, 107
Baetis sp. J   96, 100, 107
Baetis sp. M   96, 100, 107
Baetis sp. M1   96, 107
Baetis sp. O   96, 100, 107
Baetis taiwanensis   95, 96, 101, 107
Baetis takamiensis   95
Baetis thermicus   40, 95, 96, 99, 101, 107
Baetis totsukawensis   95
Baetis tsushimensis   95
Baetis uenoi   95
Baetis yamatoensis   95
Bagous   779
(*Barraudius*)   1048, 1049, 1058
Bayadera   159
Bayadera ishigakiana   159, 160, 247
Belostomatidae   332, 337, 338
Belostomatinae   339
Benthalia   1417, 1430
Benthalia dissidens   1411, 1418, 1429, 1432, 1438
Beraeidae   458, 460, 465, 669
Beringomyia   823
Beris   1447
Beris chalybata   1451
Beris geniculata   1449
Berosinae   751, 759
Berosus   752, 759, 760
Berosus elongatulus   760
Berosus fairmairei   760
Berosus incretus   760
Berosus japonicus   760
Berosus lewisius   760
Berosus nipponicus   762
Berosus peregrinus   761
Berosus pulchellus   760
Berosus punctipennis   760, 761
Betteni group-sp.1   485
Bibiocephala   865, 909-912
Bibiocephala infuscata   861, 865, 867, 908, 911, 912
Bibiocephala minor   912
Bidesini   719
Bilyjomyia   1319, 1324, 1329
Bilyjomyia fontana   1319, 1329
Bilyjomyia parallela   1329
Bittacomorphella   954
Bittacomorphella esakii   946, 953-955
Bittacomorphella nipponensis   946, 953-955
Bittacomorphinae   943, 944, 953, 954
Biwatendipes   1423, 1441
Biwatendipes motoharui   1424

Biwatendipes tsukubaensis　1439
Blepharicera　865, 890, 891, 910, 911, 921, 922
Blepharicera esakii　891, 893, 921-923
Blepharicera japonica　861, 891, 892, 911, 921-923
Blepharicera shirakii　891, 894, 895, 908, 921-923
Blepharicera tanidai　891, 894, 896
Blephariceridae　859, 861, 907
Blepharoceridae　792
Bleptus　121, 122, 127
Bleptus fasciatus　43, 122, 127
Boninthemis　219, 223
Boninthemis insularis　181, 182, 220, 223, 261
Boreochlus　1350
Boreochlus thienemanni　1311, 1312, 1315, 1316, 1350
Boreoheptagyia　1353, 1356, 1357
Boreoheptagyia brevitarsis　1357
Boreoheptagyia sp.　1353
Boreosmittia　1388
Boreosmittia toganipea　1389
Boyeria　183, 185
Boyeria maclachlani　181, 184, 252
Brachycentridae　457, 460, 461, 463, 469, 590-593
Brachycentrus　590, 595, 597
Brachycentrus americanus　591, 593-595
Brachycentrus japonicus　591, 593-595
Brachycentrus kuwayamai　591, 593-595
Brachycera　792
Brachycercus　73
Brachycercus japonicus　34, 72, 73
Brachycercus sp.　49
Brachydiplax　222, 229
Brachydiplax chalybea flavovittata　219, 221, 230, 262
Brachylimnophila　816
Brachypsyche　616, 623
Brachypsyche sibirica　448, 620, 623, 626
Brachystomatinae　1541
Brachythemis　218, 230
Brachythemis contaminata　219, 230, 262
Brevicephala group　487, 496
Brillia　1376, 1407
Brillia japonica　1377, 1393, 1397, 1403
Brundiniella　1319, 1330, 1331
Brundiniella yagukiensis　1319, 1331
Bryophaenocladius　1382, 1384, 1385, 1390
Bryophaenocladius akiensis　1383
Bryophaenocladius sp.　1394

C

Caenidae　34, 56, 58, 69, 72
Caenis　73
Caenis nishinoue　72, 73
Caenis sp.　34, 72
Caenis spp.　73
Calamoceratidae　457, 460, 465, 470, 473, 661, 663
Calineuria　295, 296, 299
Calineuria stigmatica　294, 297, 298
Calohilara　1500, 1507
Calopterygidae　155
Calopteryx　155
Calopteryx cornelia　155, 156, 246
Calopteryx japonica　154-156

Campsicnemus　1559, 1560
Camptocladius　1388, 1391
Camptocladius stercorarius　1372, 1389, 1394
Canacidae　794, 1643, 1644
Canthydrus　715, 716
Canthydrus nitidulus　716, 717
Canthydrus politus　716, 717
Capnia　318
Capnia flebilis　317, 319
Capnia kibuneana　319
Capnia nigra　317
Capnia sp.　278, 317
Capnia takahashii　319
Capniidae　274, 276, 315, 327
Cardiocladius　1384, 1400
Cardiocladius capucinus　1383, 1386
Cardiocladius sp.　1394
Caroperla　295, 296, 299
Caroperla pacifica　294, 298
Caroperla sp.　294
Carteronica　1413, 1427
Carteronica longilobus　1418, 1429, 1432
(*Cellia*)　1038, 1039
Centroptilum　92, 93, 107
Centroptilum rotundum　101, 107
Centroptilum sp.　101
Ceraclea　467, 473, 643, 648-650
Ceraclea albimacula　644, 651, 653
Ceraclea complicata　644, 653
Ceraclea coreana　644, 653
Ceraclea kamonis　644, 653
Ceraclea lobulata　644, 653
Ceraclea mitis　644, 653
Ceraclea nigronervosa　644, 651, 653
Ceraclea superba　644, 653
Ceraclea valentinae　644
Ceraclea variabilis　644, 653
Ceratopogonidae　794
Ceriagrion　170
Ceriagrion auranticum ryukyuanum　170, 171
Ceriagrion melanurum　170, 171
Ceriagrion nipponicum　170, 171, 248
Chaetarthrinae　751, 759
Chaetocanace　1644
Chaetocanace biseta　1645, 1646
Chaetocladius　1369, 1381, 1398
Chaetocladius sp.　1402
Chaetocladius stamfordi　1372
Chaetocladius togatrigngularis　1370
Chaetolabis　1417
Chaetolabis macani　1418, 1438
Chaoboridae　792
Chartoscirta elegantula longicornis　409, 412, 416
Chasmatonotus　1379
Chasmatonotus unilobus　1380
Chasmogenus　752, 754, 758
Chasmogenus abnormalis　758, 761
Chasmogenus orbus　758
Chauliodinae　429, 430
Cheilotrichia　821
Cheilotrichia sp.　822

Chelifera 1484, 1514, 1549, 1553
Chelifera diversicauda 1552
Chelifera precatoria 1515, 1552
Chelifera sp. 1514, 1515, 1552
Chelifer sp. 1486
Chernovskiia 1412, 1435
Chernovskiia orbicus 1415
Chernovskiia sp. 1438
Cheumatopsyche 463, 573, 575, 576
Cheumatopsyche brevilineata 446, 573, 575, 578
Cheumatopsyche gallosi 574, 575
Cheumatopsyche infascia 573, 575, 578
Cheumatopsyche okinawana 574
Cheumatopsyche sp. 578
Cheumatopsyche tanidai 573, 575
Chilostigma 616, 623
Chilostigma sieboldi 448, 618, 623, 626
Chilostigmini 616
Chimarra 466, 472, 529, 541, 543
Chimarra tsudai 529, 530
Chionea 821
Chioneinae 809, 821-823, 826, 828
Chironomidae 794, 1307
Chironominae 1309, 1408
Chironomini 1408, 1426
Chironomus 1416, 1427
Chironomus (*Chironomus*) *flaviplumus* 1314
Chironomus (*Chironomus*) *yoshimatsui* 1310
Chironomus flaviplumus 1414
Chironomus fujitertius 1411
Chironomus kanazawai 1417
Chironomus kiiensis 1411
Chironomus ocella 1417
Chironomus ocellata 1418
Chironomus yoshimatsui 1428
Chiusanophlebia 59, 60
Chiusanophlebia asahinai 60, 62
Chlorocyphidae 155, 158
Chlorogomphidae 182, 206
Chlorogomphus 206
Chlorogomphus brunneus 206
Chlorogomphus brunneus brunneus 207
Chlorogomphus brunneus costalis 207, 257
Chlorogomphus brunneus keramensis 207
Chlorogomphus iriomotensis 206, 208
Chlorogomphus okinawensis 206, 207
Chloroperlidae 274, 276, 304
Chloroperlini 304, 306
Chorisops 1447, 1451
Chorisops nagatomii 1451
Choroterpes 59, 60
Choroterpes (*Dilatognathus*) 60
Choroterpes (*Dilatognathus*) *nigella* 31, 60, 61
Choroterpes (*Euthraulus*) 60
Choroterpes (*Euthraulus*) *altioculus* 31, 60-62
Chrysomelidae 743, 744, 778, 779
Chrysops 1467, 1471, 1478
Chrysops basalis 1472
Chrysops japonicus 1467, 1469, 1471, 1473, 1477
Chrysops suavis 1467, 1469, 1472, 1473
Chrysops vanderwulpi kitaensis 1467, 1472

Chrysops vanderwulpi saikaiensis 1467, 1472
Chrysops vanderwulpi yamatoensis 1467, 1469, 1472, 1473
Chrysops yamaguchii 1472
Chrysotimus 1559
Chrysotus 1558
Cilicidae 794
Cincticostella 74-76
Cincticostella (*Cincticostella*) *elongatula* 35, 75, 76
Cincticostella (*Cincticostella*) *levanidovae* 35, 75, 76
Cincticostella (*Cincticostella*) *nigra* 35, 75, 76
Cincticostella (*Cincticostella*) *orientalis* 35, 75, 76
Cinygma 121-123, 128
Cinygma hekachii 123
Cinygma lyriforme 123, 128
Cinygmula 122, 123, 129, 130
Cinygmula adusta 123, 130
Cinygmula cava 52, 123, 130
Cinygmula dorsalis 123, 124, 130
Cinygmula hirasana 123, 124, 130
Cinygmula putoranica 123, 130
Cinygmula sapporensis 123, 129
Cinygmula sp. 129
Cinygmula vernalis 123, 130
Cirtogramme 700
Cladopelma 1436
Cladopelma edwardsi 1414, 1432, 1439
Cladotanytarsus 1425, 1440
Cladotanytarsus sp. 1428, 1439
Cladotanytarsus vanderwulpi 1424
Cladura 821
Cladura megacauda 822
Clemens group 483, 492
Clinocera 1486, 1519, 1552, 1553
Clinocera (*Hydrodromia*) 1549
Clinocera sp. 1519, 1521, 1552
Clinocera stagnalis 1552
Clinocerinae 1484, 1515, 1521, 1537, 1549
Clinotanypus 1317, 1330, 1332
Clinotanypus (*Clinotanypus*) *japonicus* 1317, 1332
Cloeon 92, 93, 102, 107
Cloeon dipterum 40, 102, 107, 108
Cloeon kyotonis 107
Cloeon maikonis 107
Cloeon marginale 107
Cloeon okamotoi 107
Cloeon ryogokuense 102, 107, 108
Cloeon tamagawanum 107
Clunio 1369, 1391
Clunio pacificus 1394, 1396, 1401
Clunio setonis 1369
Clypeodytes orissaensis 727
Coelambus 719, 720
Coelambus chinensis 720
Coelambus impressopunctatus 720
Coeliccia 165, 167
Coeliccia flavicauda masakii 167, 168
Coeliccia ryukyuensis 167
Coeliccia ryukyuensis amamii 167, 168, 248
Coeliccia ryukyuensis ryukyuensis 165, 167, 168
Coelostoma 752, 753

Coelostoma fallaciosum 753
Coelostoma orbiculare 753
Coelostoma stultum 753
Coelostoma vitalisi 753
Coenagrion 170, 178
Coenagrion ecornutum 178, 179
Coenagrion hylas 178, 179
Coenagrionidae 153, 168
Coenagrion lanceolatum 178, 179, 250
Coenagrion terue 169, 178, 179
Coffmania 1323, 1330, 1332
Coffmania insignis 1323, 1332
Coleoptera 707
Colobaea 1612, 1614, 1615
Colobaea bifasciella 1635, 1636
Colobaea eos 1615, 1634
Colymbetes 731, 732
Colymbetes pseudostriatus 732
Colymbetinae 718, 719, 732
Compteromesa 1351, 1352
Compteromesa haradensis 1351, 1352
Compterosmittia 1379, 1388, 1406
Compterosmittia oybelurida 1380
Conchapelopia 1323, 1330, 1333, 1334
Conchapelopia (*Conchapelopia*) *amamiaurea* 1334
Conchapelopia (*Conchapelopia*) *japonica* 1314, 1317, 1322, 1323, 1333
Conchapelopia (*Conchapelopia*) *okisimilis* 1333
Conchapelopia (*Conchapelopia*) *seiryusetea* 1334
Conchapelopia (*Conchapelopia*) *sikotuensis* 1333
Conchapelopia (*Conchapelopia*) *togamaculosa* 1334
Conchapelopia (*Conchapelopia*) *togapallida* 1334
Conchapelopia (*Conchapelopia*) *unzenalba* 1334
Conchopus 1558, 1562, 1563
Conchopus abdominalis 1563
Conchopus anomalopus 1563
Conchopus borealis 1563
Conchopus convergens 1563
Conchopus corvus 1563
Conchopus mammuthus 1563
Conchopus nodulatus 1563
Conchopus poseidonius 1563
Conchopus pudicus 1563
Conchopus rectus 1563, 1564
Conchopus saigusai 1563
Conchopus sigmiger 1563
Conchopus signatus 1563
Conchopus sikokianus 1563
Conchopus sinuatus 1563
Conchopus uvasima 1563
Conosia 814, 816
Conosia irrorata 816, 820
Contacyphon 763
Contacyphon sp. 763
Copelatinae 718, 719, 729
Copelatus 729
Copelatus andamanicus 730
Copelatus imasakai 730
Copelatus japonicus 731
Copelatus kammuriensis 731
Copelatus minutissimus 730

Copelatus nakamurai 730
Copelatus ogasawarensis 730
Copelatus parallelus 729
Copelatus takakurai 730
Copelatus tenebrosus 730
Copelatus teranishii 731
Copelatus tomokunii 731
Copelatus weymarni 730
Copelatus zimmermanni 729
(*Coquillettidia*) 1047
Corallocoris satoi 419, 420
Cordulegastridae 182, 208
Cordulia 212, 213
Cordulia amurensis 212, 213, 259
Corduliidae 182, 212
Coremacera 1613, 1614, 1621
Coremacera marginata 1637, 1638
Coremacera scutellata 1621, 1632, 1634
Corixidae 330, 332, 340, 341, 349, 350, 353-356
Corixinae 330, 348,-350, 353-356, 358
Corixini 348
Corydalidae 429, 435
Corydalinae 429, 430
Corynoneura 1368, 1392
Corynoneura sp. 1393
Corynoneura yoshimurai 1311, 1368
Crenitis 753, 754, 756
Crenitis hokkaidensis 757
Crenitis japonica 757, 761
Crenitis kanyukovae 757
Crenitis nakanei 757
Crenitis negulecta 757
Crenitis osawai 757
Crenitis satoi 757
Crenitis tokarana 757
Cricotopus 1375, 1400, 1405
Cricotopus bicinctus 1370, 1374, 1393, 1394, 1401
Cricotopus bimaculatus 1374
Cricotopus montanus 1370
Cricotopus trifasciatus 1394, 1404
Cricotous (*Isocladius*) *elegans* 1403
Crocothemis 223, 230
Crocothemis servilia mariannae 231, 261
Crocothemis servilia servilia 230
Cryptinae 693
Cryptochironomus 1412, 1435
Cryptochironomus albofasciatus 1415
Cryptochironomus sp. 1432, 1439
Cryptoperla 279, 280
Cryptoperla japonica 278, 279, 281
Cryptoperla kawasawai 279, 281
Cryptotendipes 1409, 1436
Cryptotendipes holsatus 1439
Cryptotendipes pseudotener 1415
Ctenophora 846
Culex 1044, 1045, 1048
(*Culex*) 1048, 1049
Culex (*Barraudius*) *inatomii* 1058, 1149
Culex (*Culex*) *bitaeniorhynchus* 1050, 1054, 1133
Culex (*Culex*) *boninensis* 1050, 1054, 1132
Culex (*Culex*) *fuscocephala* 1049, 1051, 1052, 1118, 1225

Culex (*Culex*) *jacksoni*   1050, 1052, 1054, 1129, 1231
Culex (*Culex*) *mimeticus*   1050, 1052, 1054, 1130, 1232
Culex (*Culex*) *orientalis*   1051, 1052, 1054, 1131, 1233
Culex (*Culex*) *pipiens*   1052, 1123
Culex (*Culex*) *pipiens* f. *molestus*   1053, 1123
Culex (*Culex*) *pipiens pallens*   1050-1052, 1120, 1122, 1123, 1227
Culex (*Culex*) *pipiens quinquefasciatus*   1050, 1051, 1053, 1121-1123
Culex (*Culex*) *pseudovishnui*   1050, 1052, 1053, 1126, 1229
Culex (*Culex*) *sinensis*   1050, 1054, 1134
Culex (*Culex*) *sitiens*   1050, 1052, 1054, 1127, 1230
Culex (*Culex*) *tritaeniorhynchus*   1050, 1051, 1053, 1124, 1125, 1228
Culex (*Culex*) *vagans*   1050, 1051, 1052, 1119, 1226
Culex (*Culex*) *vishnui*   1050, 1053
Culex (*Culex*) *whitmorei*   1050, 1051, 1054, 1128
Culex (*Culiciomyia*) *kyotoensis*   1058, 1147
Culex (*Culiciomyia*) *nigropunctatus*   1057, 1058, 1145
Culex (*Culiciomyia*) *pallidothorax*   1057, 1058, 1146
Culex (*Culiciomyia*) *ryukyensis*   1057, 1058, 1144
Culex (*Culiciomyia*) *sasai*   1058, 1148
Culex (*Eumelanomyia*) *brevipalpis*   1055, 1056, 1138
Culex (*Eumelanomyia*) *hayashii*   1055
Culex (*Eumelanomyia*) *hayashii hayashii*   1055, 1136
Culex (*Eumelanomyia*) *hayashii ryukyuanus*   1055
Culex (*Eumelanomyia*) *okinawae*   1055, 1056, 1137
Culex (*Lophoceraomyia*) *bicornutus*   1056, 1057, 1142
Culex (*Lophoceraomyia*) *cinctellus*   1057
Culex (*Lophoceraomyia*) *infantulus*   1056, 1139, 1140
Culex (*Lophoceraomyia*) *rubithoracis*   1056, 1057, 1141
Culex (*Lophoceraomyia*) *tuberis*   1056, 1057, 1143
Culex (*Neoculex*) *rubensis*   1055, 1135
Culicidae   1021
Culicinae   1043
Culicini   1043, 1044
(*Culiciomyia*)   1048, 1049, 1057
Culiseta   1044, 1046
Culiseta (*Culicella*) *nipponica*   1046, 1110
Culiseta (*Culiseta*) *kanayamensis*   1046, 1111, 1112
Curculionidae   743, 744, 778, 779
Cybister   734, 736
Cybister brevis   736
Cybister chinensis   736, 737
Cybister lewisianus   736
Cybister limbatus   737
Cybister rugosus   737
Cybister sugillatus   736
Cybister tripunctatus orientalis   736, 737
Cyclolaccobius   755
Cyclorrhaphous   792
Cylindrotoma   839
Cylindrotoma japonica   839
Cylindrotomidae   839
Cymatia apparens   342, 347, 349, 353, 355
Cymatiainae   347, 349, 353, 355
Cyphomella   1437
Cyphomella sp.   1433
Cyrnus   560, 563
Cyrnus fennicus   560, 566
Cyrnus nipponicus   560, 566

D

Dactylolabinae   809, 812-814, 817, 820
Dactylolabis   810, 812, 814
Dactylolabis diluta   812
Dactylolabis longicauda   812, 813, 820
Dactylolabis sexmaculata   817
Dasyrhicnoessa   1644, 1649, 1650
Dasyrhicnoessa boninensis   1649
Dasyrhicnoessa platypes   1649, 1651
Dasyrhicnoessa tripunctata   1650, 1651
Dasyrhicnoessa vockerothi   1650
Dasyrhicnoessa yoshiyasui   1650
Davidius   195, 199
Davidius fujiama   199, 200, 255
Davidius moiwanus   199
Davidius moiwanus moiwanus   199, 200
Davidius moiwanus sawanoi   199, 201
Davidius moiwanus taruii   199-201
Davidius nanus   199, 200
Deielia   218, 230
Deielia phaon   219, 230, 263
Demicryptochironomus   1412, 1436
Demicryptochironomus sp.   1439
Demicryptochironomus vulneratus   1415
Dendrolimnophila   815, 818
Dendrotipula   856
Denopelopia   1320, 1335, 1336
Denopelopia irioquerea   1336
Deuterophlebiidae   792
Dexidae   792
Diamesa   1353, 1356-1358
Diamesa alpina   1311, 1358
Diamesa kasaulica   1358
Diamesa plumicornis   1353, 1358
Diamesa tsutsuii   1357
Diamesinae   1309, 1310, 1353-1355
Diaphorus   1558
Dichetophora   1613, 1614, 1621
Dichetophora japonica   1622, 1632, 1633
Dichetophora kumadori   1622, 1632
Dichetophora obliterata   1637, 1638
Dicosmoecinae   613
Dicosmoecus   613
Dicosmoecus jozankeanus   448, 619, 620, 625
Dicranomyia   810-812, 831, 832, 837
Dicranomyia autumnalis   834
Dicranomyia euphileta   836
Dicranomyia takeuchii   808, 836
Dicranophragma   816
Dicranopselaphus   766
Dicranoptycha   830
Dicranoptycha sp.   831
Dicranota   800, 801
Dicranota bimaculata   805
Dicranota (*Ludicia*) sp.   802
Dicrotendipes   1413, 1430, 1431
Dicrotendipes nigrocephalicus   1313, 1418
Dicrotendipes sp.   1429, 1438
Dictenidia   846
Dimitshydrus   722, 723

Dimitshydrus typhlops　723, 727
Dineutus　738, 740
Dineutus australis　741
Dineutus mellyi　740
Dineutus orientalis　741
Diogma　842
Diogma caudata　842
Diogma glabrata　842
Diostracus　1558, 1560, 1561
Diostracus antennalis　1561
Diostracus aristalis　1561
Diostracus fasciatus　1561
Diostracus flavipes　1561
Diostracus genualis　1561
Diostracus inornatus　1561
Diostracus latipennis　1561
Diostracus miyagii　1561
Diostracus nakanishii　1561
Diostracus punctatus　1562
Diostracus tarsalis　1561
Diostracus yamamotoi　1561, 1564
Diostracus yatai　1561
Diostracus yukawai　1561
Diplacodes　223, 231
Diplacodes bipunctatus　231, 232
Diplacodes trivialis　222, 231, 232, 261
Diplectrona　571, 574, 576, 577
Diplectrona japonica　571
Diplectrona kibuneana　571, 577
Diplectrona sp. DA　577
Diplectrona sp. DC　577
Diplectrona tohokuensis　571
Diplectroninae　456, 571, 574, 576, 577
Diplocladius　1369, 1399
Diplocladius cultriger　1370, 1396, 1403
Diplonychus rusticus　337, 338, 339
Diploperlini　290
Dipseudopsidae　457, 459, 460, 462, 468, 553, 555, 556
Dipseudopsis　460, 462, 468, 553, 554
Dipseudopsis collaris　553-556
Diptera　791, 1279
Dipteromimidae　41, 57, 58, 111-113
Dipteromimus　111-113
Dipteromimus flavipterus　111, 112
Dipteromimus tipuliformis　41, 111-113
Discobola　830
Ditaeniella　1613, 1614, 1616
Ditaeniella grisescens　1616, 1631, 1636
Ditaeniella parallela　1635
'*Dixa*'　976, 985, 987, 1003
Dixa　976, 983, 984, 986, 989, 991, 1003, 1006, 1013
'*Dixa*' *babai*　962, 967, 969, 984, 987, 988, 999, 1000, 1004, 1011, 1014, 1016
Dixa formosana　983, 986, 989-991
Dixa hikosana　983, 986, 987, 989, 995
'*Dixa*' *kyushuensis*　969, 972, 974, 984, 986, 988, 996, 997, 1003, 1005, 1010-1012
'*Dixa*' *kyushuensis* group　1010, 1012, 1013
Dixa longistyla　962, 963, 965, 967, 968, 970, 972, 974, 976, 983, 985, 986, 988-991, 1003, 1004-1006, 1008, 1009, 1011

'*Dixa*' *minutiformis*　969, 972, 974, 976, 984, 987, 999, 1004, 1014, 1015
'*Dixa*' *minutiformis* group　1014
Dixa nigrella　983, 986, 987, 992, 993
'*Dixa*' *nigripleura*　984, 986, 988, 997, 998, 1004, 1010, 1012, 1013
Dixa nipponica　969, 972, 974, 983, 985, 986, 989, 991, 992, 1003, 1005, 1006, 1008
'*Dixa*' *obtusa*　961, 962, 967, 971, 972, 985, 987, 1000, 1001, 1004, 1011, 1013, 1016
'*Dixa*' sp.　962, 967, 969, 970, 972, 974, 976, 984, 986, 988, 989, 998, 1004, 1005, 1009-1012, 1014
Dixa sp.　959, 1003, 1008, 1013
Dixa trilineata　976, 983, 986, 989, 993, 994, 1003, 1005-1007
Dixa trilineata ezoensis　994
Dixa yamatona　984, 986, 987, 995, 996, 1003, 1007-1009
Dixella　969, 985, 987
Dixella subobscura　969, 974, 985, 987, 1001, 1002, 1004, 1016, 1017
Dixidae　959, 967, 969, 970, 972, 974, 1008, 1012, 1013
Doithrix　1381, 1405
Doithrix parcivillosa　1394
Doithrix togateformis　1383
Dolichocentrus　595, 596
Dolichocentrus sakura　592, 593, 596
Dolichocephala　1484, 1540, 1541, 1549, 1552
Dolichocephala ocellata　1552
Dolichocephala sp.　1487, 1541
Dolichocephala spp.　1541
Dolichopeza　846
Dolichopeza candidipes　847, 848
Dolichopodidae　794, 1557
Dolichopus　1558, 1560
Dolophilodes　443, 468, 529, 531, 533, 534, 541, 543, 972
Dolophilodes angustata　531-534
Dolophilodes auriculata　531, 533-535
Dolophilodes commata　531, 533-535
Dolophilodes dilatata　531-534
Dolophilodes iroensis　531, 533-535
Dolophilodes japonica　530-534
Dolophilodes nomugiensis　531, 533-535
Dolophilodes shinboensis　531-534
Donacia　779
Donacia japana　778
Donacia ozensis　778
Drunella　73, 74, 77-79
Drunella basalis　36, 51, 77-79, 81
Drunella cryptomeria　36, 77-79, 81
Drunella ishiyama　36, 77-79, 81
Drunella kohnoi　36, 77-79, 81
Drunella sachalinensis　36, 77-79, 81
Drunella triacantha　77-79, 81
Drunella trispina　36, 77-79, 81
Drupeus　765
Dryomyzidae　796, 1609
Dryopidae　743, 744, 769, 770
Dryopomorphus　771, 772
Dryopomorphus amami　772
Dryopomorphus extraneus　772, 773
Dryopomorphus nakanei　769, 772, 773

Dryopomorphus yaku   772
Dytiscidae   713, 718
Dytiscinae   718, 733, 737
Dytiscus   734, 737
Dytiscus dauricus   738
Dytiscus marginalis   738
Dytiscus sharpi   737

E

Ecclisocosmoecus   613
Ecclisocosmoecus spinosus   448, 618, 619, 625
Ecclisomyia   613
Ecclisomyia kamtshatica   448, 618, 619, 625
Ecdyonurus   121, 122, 124, 131-133
Ecdyonurus flavus   124
Ecdyonurus fracta   124, 125
Ecdyonurus hyalinus   44, 124-126, 131
Ecdyonurus kibunensis   124-126, 133
Ecdyonurus naraensis   124, 125, 132
Ecdyonurus scalaris   44, 124, 125, 133
Ecdyonurus tigris   124, 125, 133
Ecdyonurus tobiironis   124, 126, 132
Ecdyonurus viridis   44, 124-126, 131
Ecdyonurus yoshidae   43, 44, 49, 124-126, 131
Ecdyonurus zhilzovae   124, 125, 132
Echinocnemus   779
Echinocnemus squameus   778
Ecnomidae   455, 459, 463, 469, 472, 557
Ecnomus   463, 469, 472, 557, 559
Ecnomus hokkaidensis   558, 559
Ecnomus japonica   558, 559
Ecnomus sakishimensis   558, 559
Ecnomus sp.   557
Ecnomus tenellus   557, 559
Ecnomus yamashironis   558, 559
Ectopria   765
Ectopria opaca   768
(*Edwardsaedes*)   1061, 1066, 1081
Edwardsina (s. str.) sp.   861
Edwardsina (*Tonnoirina*) sp.   861
Einfeldia   1417, 1430
Einfeldia pagana   1410, 1411, 1418, 1429, 1432, 1438
Electragapetus   462, 514, 517, 521, 522
Electragapetus kuriensis   521
Electragapetus mayaensis   521, 522
Electragapetus tsudai   517, 521, 522
Electragapetus uchidai   517, 518, 521, 522
Elephantomyia   829
Elliptera   811, 829, 835
Elliptera jakoti   835
Elliptera zipanguensis   830, 835
Elmidae   743, 744, 769, 770
Elminae   770, 773
Elmomorphus   770
Elmomorphus brevicornis   769, 770
Elodes   762
Elodes elegans   764
Elodes kojimai   763, 764
Eloeophila   814
Eloeophila sp.   815
Elophila   696, 700, 705
Elophila fengwhanalis   701, 705
Elophila interruptalis   700, 705
Elophila nigralbalis   701, 705
Elophila orientalis   701, 705
Elophila sinicalis   701, 705
Elophila turbata   700, 705
Emodotipula   854
Empididae   794, 1479, 1485-1487, 1552
Enallagma   170, 176
Enallagma circulatum   169, 176, 250
Endochironomus   1422, 1431
Endochironomus nigricans   1410
Endochironomus pekanus   1410, 1411
Endochironomus tendens   1419, 1432, 1438
Enhydrinae   738, 740
Enithares sinica   362-364, 366
Enochrus   752, 758
Enochrus (*Lumetus*) *simulans*   761
Enochrus subsignatus   758
Eobrachycentrus   463, 469, 590, 595, 597
Eobrachycentrus niigatai   590, 591, 593, 596
Eobrachycentrus vernalis   590, 591, 593, 596
Eocapnia   316, 318
Eocapnia nivalis   317, 319
Eocapnia sp.   317
Eoneureclipsis   460, 546-548, 551
Eoneureclipsis montana   546, 549, 551
Eoneureclipsis okinawaensis   546, 551
Eoneureclipsis shikokuensis   546, 551
Eoneureclipsis yaeyamensis   546, 551
Eoophyla   697, 701
Eoophyla conjunctalis   698, 701
Eoophyla inouei   698, 701
Epeorus   121, 122, 126, 134-136, 141
Epeorus aesculus   126, 134, 136, 141, 142
Epeorus cumulus   126, 136, 141, 142
Epeorus curvatulus   126, 134, 136, 141, 142
Epeorus erratus   52, 126, 134, 136, 141
Epeorus hiemalis   126, 134, 136, 141, 142
Epeorus ikanonis   45, 126, 134-136, 141, 142
Epeorus latifolium   126, 136, 142
Epeorus L-nigrum   45, 126, 135, 136, 142
Epeorus napaeus   126, 135, 136, 141, 142
Epeorus nipponicus   126, 134-136, 141, 142
Epeorus uenoi   126, 136, 142
Ephacerella   74, 80, 81
Ephacerella longicaudata   37, 80, 81
Ephemera   68
Ephemera (*Ephemera*)   68, 69
Ephemera (*Ephemera*) *formosana*   68-71
Ephemera (*Ephemera*) *orientalis*   33, 68-71
Ephemera (*Sinephemera*)   68, 69
Ephemera (*Sinephemera*) *japonica*   33, 68-71
Ephemera (*Sinephemera*) *strigata*   33, 68-71
Ephemerella   74, 81, 83-85
Ephemerella atagosana   38, 81-83, 85, 87
Ephemerella aurivillii   37, 81-83, 85, 87
Ephemerella ishiwatai   38, 81-84, 85, 87
Ephemerella notata   39, 52, 81-83, 85
Ephemerella occiprens   38, 81, 82, 84, 85, 87
Ephemerella setigera   38, 81-83, 85, 87

Ephemerella tsuno　37, 51, 81, 82, 84, 85, 87
Ephemerellidae　35-39, 56, 58, 73, 76-78, 80, 83-86
Ephemeridae　33, 56, 58, 68, 70, 71
Ephemeroptera　47
Ephoron eophilum　34, 49, 66, 67
Ephoron limnobium　34, 49, 66-68
Ephoron shigae　34, 49, 66, 67
Ephydridae　794
Epilichas　765
Epilichas sp.　764
Epiophlebia　180
Epiophlebia superstes　154, 251
Epiophlebiidae　180
Epiphragma　814
Epitheca　212
Epitheca bimaculata　213
Epitheca marginata　213, 259
Epoicocladius　1387, 1392
Epoicocladius itachisecundus　1389
Epoicocladius sp.　1394
Epophthalmia　209
Epophthalmia elegans elegans　209, 258
Eretes　733, 734
Eretes ticticus　734
Eriocera　814, 816
Erioconopa　824
Erioptera　810, 824, 825
Erioptera megophthalma　826
Erioptera（*Trimicra*）　810
Eristalini　1595
Eristalinus quinquestriatus　1599, 1602, 1604
Eristalinus tarsalis　1598, 1602, 1604
Eristalis cerealis　1597, 1602, 1603
Eristalis tenax　1597, 1602, 1603
Eristena　697
Eristena argentata　698, 701
Erostrata　832
Erythromma　170, 179
Erythromma humerale　169, 179, 250
Etchuyusurika togacurva　1383
Eubasilissa　463, 587, 589
Eubasilissa imperialis　587
Eubasilissa regina　448, 586-589
Eubrianax　765, 766
Eubrianax amamiensis　766, 768
Eubrianax amamiensis kimurai　767
Eubrianax granicollis　766, 768
Eubrianax ihai　766
Eubrianax insularis　766
Eubrianax loochooensis　766, 768
Eubrianax manakikikuse　767, 768
Eubrianax nobuoi　766
Eubrianax pellucidus　767, 768
Eubrianax ramicornis　766, 768
Eucapnopsis　316, 318, 320
Eucapnopsis stigmatica　317
Eudicranota　800, 801
Euglochina　831
Eukiefferiella　1371, 1400
Eukiefferiella coerulescens　1404
Eukiefferiella cuelulescens　1370

Eukiefferiella ilkleyensis　1312
Eukiefferiella sp.　1397, 1403
（*Eumelanomyia*）　1055
（*Eumelanomyia - brevipalpis*）　1049
（*Eumelanomyia - hayashii*-group）　1048, 1049
Euparyphus　1447
Euparyphus mutabilis　1448, 1449
Euparyphus sp.　1449
Euphaea　159
Euphaea yayeyamana　154, 159, 247
Euphaeidae　155, 159
Eurycnemus　1406
Eurycnemus crassipes　1403
Eurycnemus nozakii　1377, 1397
Euryhapsis　1376, 1406
Euryhapsis subviridis　1377, 1397, 1403
Eusimulium　1289, 1291, 1292
Eusimulium (*Cnetha*) *subcostatum*　1289, 1292, 1293
Eusimulium (*Cnetha*) *uchidai*　1289, 1292, 1294, 1299, 1301, 1302
Eusimulium (*Eusimulium*) *satsumense*　1290, 1292, 1293
Eusimulium (*Gomphostiebia*) *ogatai*　1301
Eusimulium (*Gomphostiebia*) *shogakii*　1289, 1292, 1293, 1299, 1301, 1302
Eusimulium (*johannseni*-gr.) *konoi*　1289, 1292, 1293
Eusimulium konoi　1299, 1304
Eusimulium (*Montisimulium*) *mie*　1289, 1292, 1293, 1299-1302, 1304
Eusimulium (*Morops*) *yonakuniense*　1289
Eusimulium (*Nevermannia*) *geniculare*　1289, 1292, 1293, 1301, 1302
Eusimulium (*Nevermannia*) *morisonoi*　1300
Eusimulium sakhalium　1299
Eusimulium (*Stilboplax*) *speculiventre*　1299
Eutonia　815

F

(*Finlaya*)　1061, 1066, 1070
Fissimentum　1430
Fissimentum desiccatum　1432
Fittkauimyia　1319, 1335, 1336
Fittkauimyia olivacea　1313, 1318, 1319, 1336
Flavoperla　326
Fucellia apicalis　1656

G

Galerucella　779
Ganonema　470, 473, 661, 664
Ganonema uchidai　661, 663, 664
Gelastocoridae　333, 359, 361
Georgium　661, 664
Georgium japonica　661
Georgium japonicum　661, 663, 664
Georissidae　742, 744, 748, 750
Georissus　749
Georissus crenulatus　750
Georissus granulosus　749, 750
Georissus kurosawai　749
Georthocladis sp.　1404
Georthocladius　1382, 1391
Georthocladius shiotanii　1383

Georthocladius sp.　1394, 1401
(*Geoskusea*)　1061, 1066, 1080
Geranomyia　829, 835
Geranomyia sp.　836
Gerridae　331, 333, 392, 399-401, 405
Gerrinae　331, 396, 399-403
Gerris (*Gerris*) *babai*　394, 397, 399, 402
Gerris (*Gerris*) *lacustris*　395, 397, 399, 402
Gerris (*Gerris*) *latiabdominis*　394, 397, 399, 402
Gerris (*Gerris*) *nepalensis*　394, 397, 400, 402
Gerris (*Macrogerris*) *gracilicornis*　394, 397, 400, 402, 404
Gerris (*Macrogerris*) *insularis*　394, 397, 400, 402, 404
Gerris (*Macrogerris*) *yezoensis*　394, 398, 400, 402, 404
Gerromorpha　371
Gibosia　295, 296, 300, 326
Gibosia angusta　296, 298
Gibosia sp.　294
Gibosia thoracica　298
Glaenocorisa cavifrons　342, 348, 349, 353, 355
Glaenocorisini　348
Glossosoma　462, 466, 468, 471, 514, 515, 517, 518, 523
Glossosoma altaicum　515, 517, 518
Glossosoma dulkejti　515, 517-519
Glossosoma hospitum　515, 517-519
Glossosoma nichinkata　515, 517-519
Glossosomatidae　456, 458, 461, 462, 466, 468, 471, 514
Glossosomatinae　514
Glossosoma uogatanum　515, 518, 519
Glossosoma ussuricum　515, 517-519
Glossosoma yamanouchii　523
Glyptolaccobius　755
Glyptotendipes　1417, 1427
Glyptotendipes glaucus　1308, 1315
Glyptotendipes pallens　1428
Glyptotendipes tokunagai　1411
Gnophomyia　824
Gnophomyia sp.　822
Goera　464, 467, 470, 473, 637-639
Goera akagiae　637, 639-641
Goera curvispina　637, 639-641
Goera dilatata　638, 639, 641
Goera extrorsa　638, 641
Goera japonica　637, 639-641, 692
Goera kawamotonis　637, 639-641
Goera kyotonis　637, 639-641
Goera lepidoptera　637, 639, 641
Goera minuta　638, 641
Goera nigrosoma　637, 638, 640, 641
Goera ogasawaraensis　638, 641
Goera shikokuensis　637, 639, 641
Goera spicata　638-641
Goera tajimaensis　638, 641
Goera tenuis　638, 641
Goera tungusensis　638, 639, 641
Goera uchina　637, 639, 641
Goeridae　457, 460, 464, 467, 470, 473, 637, 640-642
Gomphidae　180, 193
Gomphomacromiidae　182, 208
Gonomyia　810, 821, 822, 825, 827
Gonomyia pleuralis　826
Gonomyia sp.　828

Graphelmis　771, 773, 774
Graphelmis shirahatai　774
Graphoderus　734, 735
Graphoderus adamsii　735, 737
Graphoderus zonatus　736
Graphomyia　1659
Graphomyia maculata　1657, 1659
Graphomyia rufitibia　1658, 1659
Grouvellinus　771, 773, 776
Grouvellinus marginatus　769
Grouvellinus subopacus　769
Gumaga　465, 470, 667
Gumaga okinawaensis　668
Gumaga orientalis　668
Gunmayusurika　1373
Gunmayusurika joganhiberna　1372
Gymnastes　821
Gymnometriocnemus　1379, 1390
Gymnometriocnemus sp.　1380, 1394
Gynacantha　183, 188
Gynacantha japonica　184, 188, 252
Gynacantha ryukyuensis　188
Gyrinidae　712, 713, 738, 741
Gyrininae　738, 739
Gyrinus　738, 739
Gyrinus curtus　740
Gyrinus gestroi　740
Gyrinus japonicus　740
Gyrinus niponicus　740
Gyrinus ohbayashii　740
Gyrinus reticulatus　740
Gyrinus ryukyuensis　740

H

Haematopota　1468, 1472, 1478
Haematopota tristis　1468, 1469, 1472, 1476, 1477
Hagenella　587
Hagenella apicalis　448, 587-589
Halesus　616, 620, 623
Halesus sachalinensis　448, 626
Halesus sp.　624
Haliplidae　712, 713, 717
Haliplus　713, 714
Haliplus (*Haliplus*) *brevior*　714
Haliplus (*Haliplus*) *japonicus*　714
Haliplus (*Haliplus*) *kamiyai*　714
Haliplus (*Haliplus*) *regimbarti*　714
Haliplus (*Haliplus*) *simplex*　714
Haliplus (*Liaphlus*) *basinotatus*　715
Haliplus (*Liaphlus*) *eximius*　715
Haliplus (*Liaphlus*) *kotoshonis*　715
Haliplus (*Liaphlus*) *ovalis*　715
Haliplus (*Liaphlus*) *sharpi*　715
Haliplus ovalis　717
Haliplus simplex　717
Halobates　331
Halobates germanus　395, 405, 406
Halobates japonicus　395, 405-407
Halobates matsumurai　395, 405-407
Halobates micans　395, 405-407
Halobates sericeus　395, 405-407

Halobatinae 331, 405, 406
Halovelia septentrionalis 380, 392
Haloveliinae 392
Hanochirnomus tumeretylus 1415, 1439
Hanochironomus 1412, 1437
Hanochironomus tumerestylus 1428, 1433
Haploperla 304, 306
Haploperla japonica 305, 307
Harnischia 1409, 1437
Harnischia complex 1426
Harnischia cultilamellata 1433
Harnischia japonica 1414
Hebridae 331, 334, 377-379
Hebrus hasegawai 378, 379
Hebrus (*Hebrusella*) *ruficeps* 379
Hebrus (*Hebrus*) *hasegawai* 379
Hebrus (*Hebrus*) *nipponicus* 379
Hebrus (*Hebrus*) *pilosellus* 379
Hebrus nipponicus 378, 379
Hebrus pilosellus 378
Hebrus ruficeps 377, 378
Heizmannia 1045, 1060
Heizmannia (*Heizmannia*) *kana* 1060, 1153
Heleniella 1371, 1406
Heleniella osarumaculata 1372
Heleodromia 1486, 1541, 1542, 1544, 1545
Heleodromia boreoalpina 1542-1545
Heleodromia japonica 1486, 1542, 1544, 1545
Heleodromia macropyga 1542-1545
Heleodromia minutiformis 1542-1545
Heleodromia spp. 1544, 1545
Helichus 770
Helichus ussuriensis 769, 770
Helicopsyche 465, 670
Helicopsyche sp. 670
Helicopsyche yamadai 670
Helicopsychidae 455, 460, 465, 670
Helius 810, 829, 835
Helius longirostris 834
Helius sp. 830, 836
Helochares 752, 758
Helochares nipponicus 758
Helophilus eristaloides 1600, 1602, 1605
Helophoridae 742, 744, 749, 750
Helophorus 749
Helophorus (*Gephelophorus*) *auriculatus* 749
Helophorus (*Gephelophorus*) *sibiricus* 749
Helophorus matsumurai 750
Helophorus (*Rhopalhelophorus*) *matsumurai* 749
Helophorus (*Rhopalhelophorus*) *nigricans* 751
Helotrephidae 333, 363, 370
Hemerodromia 1484, 1513, 1549, 1553
Hemerodromia sp. 1486, 1513, 1514, 1552
Hemerodromia unilineata 1552
Hemerodromiinae 1483, 1513, 1514, 1549, 1553
Hemianax 193
Hemianax ephippiger 193
Hemicordulia 212, 217
Hemicordulia mindana nipponica 212, 217, 259
Hemicordulia ogasawarensis 217, 218
Hemicordulia okinawensis 217

Hemiptera 329
Heptagenia 122, 137, 138, 142
Heptagenia flava 137, 142, 143
Heptagenia kyotoensis 46, 138, 142, 143
Heptagenia pectoralis 138, 142, 143
Heptageniidae 43-46, 57, 58, 121, 127-140
Hercostomus 1558
Hermatobates schuhi 408
Hermatobatidae 333, 408
Herophydrus 719, 720
Herophydrus rufus 720
Hesperocorixa distanti 343, 348
Hesperocorixa distanti distanti 343, 349, 351, 353, 355
Hesperocorixa distanti hokkensis 343, 349, 351
Hesperocorixa kolthoffi 343, 349, 351, 353, 355
Hesperocorixa mandshurica 343, 349, 351, 353, 355
Heterangaeus 800, 801
Heterangaeus gloriosus 802, 805
Heterlimnius 771, 775
Heterlimnius ater 776
Heterlimnius hasegawai 776
Heteroceridae 743, 744, 764, 767
Heterocerus japonicus 764
Heterotrephes admorsus 363, 370
Heterotrissocladius 1378, 1398
Heterotrissocladius marcidus 1377
Heterotrissocladius sp. 1396, 1402
Hexatoma 811, 814, 816
Hexatoma (*Eriocera*) sp. 815, 820
Hexatoma (*Hexatoma*) *bicolor* 817
Hexatoma (*Hexatoma*) *fuscipennis* 817
Hilara 1484, 1498, 1500
Hilara (*Calohilara*) sp.1 1485, 1507, 1508
Hilara (*Calohilara*) sp.2 1508
Hilara (*Calohilara*) spp. 1508
Hilara (*Hilara*) *itoi* 1501, 1504
Hilara (*Hilara*) *leucogyne* 1501, 1504
Hilara (*Hilara*) *melanogyne* 1501, 1504
Hilara (*Hilara*) *neglecta* 1501
Hilara (*Hilara*) *neglecta* group 1502, 1503
Hilara itoi 1503
Hilara leucogyne 1503
Hilara melanogyne 1502
Hilara (*Meroneurula*) *vetula* 1485, 1507, 1509
Hilara neglecta 1485, 1502
Hilara (*Ochtherohilara*) *mantis* 1485, 1505, 1506
Hilara (*Ochtherohilara*) *mantispa* 1506
Hilara (*Ochtherohilara*) spp. 1506
Hilara (*Pseudoragas*) *japonica* 1485, 1507
Hilara (*Pseudorhamphomyia*) 1486
Hilara (*Pseudorhamphomyia*) *hyalinata* 1485, 1505, 1506
Hilara spp. 1507
Hilara tricolor 1507
Himalopsyche 474
Himalopsyche japonica 447, 474, 475
Hirosia 1467, 1474, 1478
Hirosia amamiensis 1474, 1475
Hirosia daishojii 1468, 1474
Hirosia humilis 1467, 1474, 1475
Hirosia hyugaensis 1468, 1474
Hirosia iyoensis 1467, 1469, 1474, 1475, 1477

Hirosia kotoshoensis 1467, 1470, 1474
Hirosia otsurui 1467, 1470, 1474
Hirosia sapporoensis 1468, 1470, 1474, 1475, 1477
Holorusia 846, 849
Holorusia (Ctenacroscelis) esakii 849
Holorusia (Ctenacroscelis) mikado 849
Holorusia hespera 851
Holorusia mikado 844, 847
Homoeogenus 766
Homoplectra 571
Hoplolabis 824
Horelophopsinae 751, 753
Horelophopsis 752, 753
Hyalopsyche 553, 554
Hyalopsyche sachalinica 554, 556
Hybomitra 1468, 1472, 1478
Hybomitra borealis 1468, 1470, 1472
Hybomitra distinguenda 1472
Hybomitra hirticeps 1468, 1469, 1472, 1473
Hybomitra ishiharai 1472
Hybomitra jersey 1468, 1472
Hybomitra montana 1468, 1469, 1472, 1473, 1477
Hybomitra tarandina 1472, 1473, 1477
Hydaenidae 742
Hydaticus 733, 734
Hydaticus aruspex 735
Hydaticus bowringii 735
Hydaticus conspersus 735
Hydaticus grammicus 735
Hydaticus pacificus sakishimanus 737
Hydaticus rhantoides 735
Hydaticus satoi 735, 737
Hydaticus thermonectoides 735
Hydaticus vittatus 735, 737
Hydatophylax 617, 618, 623, 625
Hydatophylax festivus 617, 620, 624, 626
Hydatophylax minor 617, 622, 624, 626
Hydatophylax nigrovittatus 448, 617, 622, 624, 626
Hydatophylax variabilis 617, 620, 624, 626
Hydraena 745
Hydraena chifengi 746
Hydraena curvipes 746
Hydraena hayashii 746
Hydraena kadowakii 746
Hydraena kamitei 746
Hydraena kitayamai 746
Hydraena miyatakei 745, 750
Hydraena namiae 746
Hydraena notsui 746, 750
Hydraena riparia 746, 750
Hydraena tsushimaensis 746
Hydraena watanabei 746, 750
Hydraena yoshitomii 746
Hydraenidae 743, 745, 750
Hydrobaenus 1387, 1398
Hydrobaenus biwaquartus 1386, 1393, 1394, 1396
Hydrobaenus biwasecundus 1396
Hydrobaenus conformis 1386
Hydrobaenus kondoi 1402
Hydrobasileus 222, 243
Hydrobasileus croceus 221, 243, 265

Hydrobiinae 751, 753
Hydrobiosidae 456, 459, 461, 462, 468, 471, 498
Hydrobius 753, 754, 756
Hydrobius pauper 756
Hydrocassis 752, 754, 756
Hydrocassis jengi 756
Hydrocassis lacustris 756, 761
Hydrochara 752, 758, 759
Hydrochara affinis 759, 761
Hydrochara libera 759
Hydrochidae 742, 744, 748, 750
Hydrochus 748
Hydrochus aequalis 748
Hydrochus chubu 748
Hydrochus japonicus 748, 750
Hydrochus laferi 748
Hydrochus squamifer 750
Hydrocyphon 762
Hydrocyphon satoi 763
Hydroglyphus 724, 725
Hydroglyphus amamiensis 725
Hydroglyphus flammulatus 725
Hydroglyphus inconstans 725, 728
Hydroglyphus japonicas 725
Hydroglyphus kifunei 725
Hydrometra albolineata 375, 376
Hydrometra annamana 375, 376
Hydrometra gracilenta 375, 376
Hydrometra okinawana 375-377
Hydrometra procera 375-377
Hydrometridae 334, 374-376
Hydromya 1613-1615, 1622
Hydromya dorsalis 1623, 1632, 1638
Hydrophilidae 742, 744, 751, 761
Hydrophilinae 751, 758
Hydrophilus 752, 758
Hydrophilus acuminatus 759, 761
Hydrophilus bilineatus cashimirensis 759, 761
Hydrophilus dauricus 759
Hydrophorus 1559, 1560
Hydroporinae 718, 719, 727, 728
Hydroporini 719
Hydroporus 720
Hydroporus angusi 720
Hydroporus fuscipennis 720
Hydroporus ijimai 721
Hydroporus morio 721
Hydroporus saghaliensis 721
Hydroporus submuticus 721
Hydroporus tokui 720
Hydroporus tristis 721
Hydroporus uenoi 721, 727
Hydropsyche 443, 444, 466, 467, 469, 472, 572, 574, 576, 579-583
Hydropsyche albicephala 446, 572, 575, 579, 580
Hydropsyche ancorapunctata 445, 573, 576, 579
Hydropsyche dilatata 573, 576, 582
Hydropsyche gifuana 573, 576, 579, 582
Hydropsyche isip 573, 583
Hydropsyche kozhantschikovi 573, 583
Hydropsyche newae 572, 575, 579, 580

Hydropsyche orientalis　445, 572, 575, 578-580
Hydropsyche selysi　445, 573, 576, 579, 581
Hydropsyche setensis　573, 575, 579, 581
Hydropsyche yaeyamensis　573, 575, 579, 581
Hydropsychidae　455, 459, 461, 463, 466, 467, 469, 472, 567, 578
Hydropsychinae　456, 572, 574, 576
Hydroptila　468, 501, 503, 505
Hydroptila asymmetrica　502, 505
Hydroptila botosaneanui　502, 505
Hydroptila chinensis　501, 505
Hydroptila coreana　502, 505
Hydroptila dampfi　502, 503, 505
Hydroptila kakidaensis　502, 505
Hydroptila nanseiensis　502, 505
Hydroptila ogasawaraensis　501, 505
Hydroptila oguranis　501, 503, 505
Hydroptila parapiculata　502, 505
Hydroptila phenianica　501, 504, 505
Hydroptila pseudseirene　502, 505
Hydroptila spinosa　502, 505
Hydroptila spiralis　502, 505
Hydroptila thuna　501, 505
Hydroptila yaeyamensis　502, 505
Hydroptilidae　455, 458, 462, 468, 500
Hydrosmittia　1390, 1391
Hydrosmittia oxoniana　1396, 1404
Hydrovatini　719, 725
Hydrovatus　725
Hydrovatus acuminatus　726
Hydrovatus bonvouloiri　726
Hydrovatus pumilus　726
Hydrovatus remotus　726
Hydrovatus seminaries　726
Hydrovatus stridulus　726
Hydrovatus subtilis　726
Hydrovatus vonbouloiri　728
Hydrovatus yagii　726
Hygrotus　719, 722
Hygrotus inaequalis　722
Hymenoptera　689
Hypenella　1484, 1538
Hypenella sp.　1538, 1539
Hypenella sp.1　1487, 1537
Hypenella sp.2　1537
Hyphydrini　719
Hyphydrus　722
Hyphydrus japonicus　723
Hyphydrus laeviventres　723
Hyphydrus lyratus　723
Hyphydrus orientalis　723
Hyphydrus pulchellus　723

I

Ichneumonidae　689
Ictinogomphus　193, 206
Ictinogomphus pertinax　194, 206, 254
Idiocera　822
Idioglochina　831
Idiognophomyia　824
Ilisia　824

Ilybius　733
Ilybius anjae　733
Ilybius apicalis　733
Ilybius erichsoni　733
Ilybius weymarni　733
Ilyocoris cimicoides exclamationis　360, 361
Indolestes　161, 164
Indolestes boninensis　164
Indolestes peregrinus　163, 164, 247
Indonemoura　311-313, 315
Indonemoura nohirae　312, 314
Indotipula　846, 849, 851
Indotipula itoana　852
Indotipula mendax　852
Indotipula okinawaensis　852
Indotipula quadrispicata　852
Indotipula tetracantha　852
Indotipula yamata　844, 852
Ionthosmittia　1388
Ionthosmittia otujitertia　1389
Ischnura　170, 174
Ischnura asiatica　174, 175
Ischnura aurora aurora　176
Ischnura elegans　154
Ischnura elegans elegans　174, 175
Ischnura ezoin　169, 174, 175, 250
Ischnura senegalensis　169, 174, 175, 249
Isocapnia　316, 320
Isocapnia japonica　317, 319
Isonychia　117-119
Isonychia (*Isonychia*)　117
Isonychia (*Isonychia*) *valida*　42, 117-119
Isonychia (*Prionoides*)　117
Isonychia (*Prionoides*) *shima*　117-119
Isonychiidae　42, 56, 58, 117-119
Isoperla　282, 284, 293
Isoperla aizuana　283, 291, 292
"*Isoperla*" *debilis*　283
Isoperla debilis　282, 288, 289
Isoperla motions　291
Isoperla nipponica　278, 283, 291, 292
Isoperla okamotonis　282, 288
Isoperla shibakawae　291, 292
Isoperla suzukii　283, 291, 292
Isoperla (*towadensis*) sp.　283, 291, 292
Isoperlinae　293
Isshikia　1468, 1472, 1478
Isshikia japonica　1468, 1472, 1476

J

Japanolaccophilus　726, 729
Japanolaccophilus nipponensis　728, 729

K

Kageronia　122, 138, 143
Kageronia kihada　46, 138
Kaltatica group　495
Kaltatica group-sp. 1　478
Kamimuria　295, 296, 301
Kamimuria quadrata　294, 302, 303
Kamimuria tibialis　294, 302

Kamimuria uenoi 302
Kiefferulus 1416, 1430
Kiefferulus glauciventris 1438
Kiefferulus sp. 1411
Kiefferulus umbraticola 1418, 1429, 1432
Kiotina 295, 296, 300, 326
Kiotina-group 299
Kiotina sp. 294, 297
Kiotina suzukii 298
Kirkaldyia deyrolli 337-339
Kisaura 535, 537, 538, 543
Kisaura borealis 536, 537
Kisaura dichotoma 536, 538
Kisaura hattorii 536, 537
Kisaura kisoensis 536, 537
Kisaura minakawai 536, 538
Kisaura nozakii 536, 537
Kisaura tsudai 536, 537
Kloosia 1413, 1437
Kloosia koreana 1415, 1439
Kogotus 282, 284, 292
Kogotus sp. 283, 288, 289
Krenopelopia 1321, 1335, 1336
Krenopelopia alba 1321, 1336
Krenosmittia 1388, 1395
Krenosmittia camptophleps 1389, 1394, 1396
Kribiocosmus 1421
Kribiocosmus kanazawai 1419

L

Labiobaetis 92, 93, 103, 108
Labiobaetis atrebatinus orientalis 40, 103, 108
Labiobaetis tricolor 103, 108
Laccobius 753-755
Laccobius (*Cyclolaccobius*) *masatakai* 755
Laccobius (*Glyptolaccobius*) *moriyai* 755
Laccobius (*Laccobius*) *bedeli* 755
Laccobius (*Laccobius*) *inopinus* 755
Laccobius (*Laccobius*) *kunashiricus* 755
Laccobius (*Microlaccobius*) *fragilis* 755
Laccobius (*Microlaccobius*) *nakanei* 756
Laccobius (*Microlaccobius*) *oscillans* 755
Laccobius (*Microlaccobius*) *roseiceps* 755
Laccobius (*Microlaccobius*) *satoi* 756
Laccobius (*Microlaccobius*) *yonaguniensis* 756
Laccophilinae 718, 719, 726, 728
Laccophilus 726
Laccophilus chinensis 729
Laccophilus difficilis 728
Laccophilus flexuosus 728, 729
Laccophilus kobensis 729
Laccophilus lewisioides 729
Laccophilus lewisius 729
Laccophilus pulicarius 728
Laccophilus sharpi 729
Laccotrephes grossus 335, 336
Laccotrephes japonensis 335, 336
Laccotrephes maculatus 334, 335, 336
Lampyridae 742, 744, 777, 778
Lanthus 195, 201
Lanthus fujiacus 194, 201, 256

Laosa 831
Larainae 770, 772
Larcasia 638, 639, 642
Larcasia akagiae 638, 639, 642
Larcasia minor 638, 639, 642
Larsia 1322, 1335, 1337
Larsia miyagasensis 1322, 1337
Lathrecista 223
Lathrecista asiatica asiatica 223
Leiodytes 724
Leiodytes frontalis 724
Leiodytes kyushuensis 724
Leiodytes miyamotoi 724
Leiodytes orissaensis 724
Leiponeura 821, 825
Lenarchus 615
Lenarchus fuscostramineus 448, 615, 620, 621, 625, 626
Lepidopelopia 1335, 1337
Lepidopelopia sp. 1337
Lepidoptera 695
Lepidostoma 463, 469, 600, 606-611
Lepidostoma albardanum 603, 610
Lepidostoma albicorne 601, 609
Lepidostoma amagiense 604, 611
Lepidostoma amamiense 602, 609
Lepidostoma axis 602, 609
Lepidostoma bipertitum 603, 610
Lepidostoma complicatum 603, 606, 610
Lepidostoma coreanum 601, 608
Lepidostoma cornigera 604, 611
Lepidostoma crassicorne 604, 606, 607, 611
Lepidostoma doligung 604, 611
Lepidostoma ebenacanthum 603, 610
Lepidostoma elongatum 604, 611
Lepidostoma emarginatum 601, 606, 609
Lepidostoma hattorii 601, 608
Lepidostoma hirtum 604, 611
Lepidostoma hiurai 603, 611
Lepidostoma hokurikuense 602, 609
Lepidostoma iriomotense 604, 611
Lepidostoma ishigakiense 601, 608
Lepidostoma itoae 601, 608
Lepidostoma japonicum 602, 610
Lepidostoma kanbaranum 603, 611
Lepidostoma kantoense 602, 609
Lepidostoma kasugaense 603, 610
Lepidostoma kojimai 603, 610
Lepidostoma konosense 602, 609
Lepidostoma kumanoense 602, 609
Lepidostoma kunigamiense 602, 609
Lepidostoma laeve 601, 608
Lepidostoma mennokiense 602, 609
Lepidostoma nanseiense 604, 611
Lepidostoma naraense 444, 601, 607, 609
Lepidostoma niigataense 601, 608
Lepidostoma orientale 603, 611
Lepidostoma pseudemarginatum 602, 609
Lepidostoma robustum 600, 606-608
Lepidostoma ryukyuense 603, 610
Lepidostoma satoi 603, 606, 610
Lepidostoma semicirculare 604, 611

Lepidostoma spathulatum　603, 610
Lepidostoma speculiferum　602, 610
Lepidostoma stellatum　601, 608
Lepidostomatidae　457, 460, 463, 469, 598
Lepidostoma tsudai　604, 611
Lepidostoma yakushimaense　601, 608
Lepidostoma yosakoiense　602, 609
Lepidostoma yunotaniense　602, 609
Lepidostoma yuwanense　601, 608
Leptelmis　771, 773, 774
Leptelmis gracilis　769, 774
Leptelmis torikaii　774
Leptoceridae　456, 460, 464, 467, 470, 473, 643, 650-656
Leptocerinae　643, 648
Leptocerini　644
Leptocerus　644, 648, 649
Leptocerus biwae　645, 651, 654
Leptocerus fluminalis　645, 650, 654
Leptocerus moselyi　645, 654
Leptocerus valvatus　645, 654
Leptogomphus　195, 205
Leptogomphus yayeyamensis　181, 196, 205, 257
Leptophlebiidae　31, 57-59, 61, 62
Leptopodidae　333, 419
Leptopodomorpha　409
Leptotarsus　846, 849, 850
Leptotarsus (*Longurio*) *pulverosus*　848, 850
Leptotarsus (*Longurio*) *yanoi*　850
Leptotarsus rivertonensis　851
Leptotarsus testaceus　851
Lestes　161, 162
Lestes dryas　162, 163
Lestes japonicus　162, 163, 247
Lestes sponsa　162, 163
Lestes temporalis　162-164
Lestidae　155, 161
Lethocerinae　339
Lethocerus indicus　337, 338, 340
Leucorrhinia　222, 240
Leucorrhinia dubia orientalis　221, 240, 263
Leucorrhinia intermedia ijimai　240, 263
Leuctridae　276, 321, 327
Liancalus　1559, 1560, 1562
Liancalus zhenzhuristi　1564
Libellula　222, 224
Libellula angelina　224, 225, 262
Libellula quadrimaculata asahinai　220, 224, 225
Libellulidae　182, 218
Libnotes　831, 832
Libnotes (*Laosa*) sp.　831
Lieftinki group　495
Limbodessus　724, 725
Limbodessus compactus　725, 728
Limnebius　745
Limnebius kweichowensis　745
Limnephilidae　457, 459, 461, 464, 469, 613, 619, 621, 623-627
Limnephilinae　614
Limnephilini　614
Limnephilus　615, 620, 625
Limnephilus alienus　615, 626

Limnephilus correptus　615, 626
Limnephilus diphyes　615, 626
Limnephilus fuscovittatus　615, 621, 626
Limnephilus nipponicus　615, 626
Limnephilus orientalis　448, 615, 626
Limnephilus ornatulus　615, 626
Limnephilus quadratus　615, 626
Limnephilus sericeus　615, 626
Limnephilus sparsus　615, 626
Limnephilus sp. LB　621
Limnephilus stigma　615, 626
Limnia　1613-1615, 1623
Limnia boscii　1638
Limnia japonica　1624, 1632, 1633
Limnia pacifica　1624, 1633
Limnia setosa　1624, 1632, 1635
Limnobaris　779
Limnocentropodidae　457, 459, 463, 469, 597
Limnocentropus　463, 469, 597
Limnocentropus insolitus　443, 597
Limnogonus fossarum fossarum　393, 401, 403
Limnogonus hungerfordi　393, 401, 403
Limnogonus (*Limnogonus*) *fossarum fossarum*　398
Limnogonus (*Limnogonus*) *hungerfordi*　398
Limnogonus (*Limnogonus*) *nitidus*　398
Limnogonus nitidus　393, 401, 403
Limnoiidae　792
Limnometra femorata　393, 398, 400, 403
Limnophila　811, 815, 816, 818
Limnophila (*Dicranophragma*) *formosa*　820
Limnophila (*Dicranophragma*) *fuscovaria*　817
Limnophila (*Limnophila*) *japonica*　820
Limnophilinae　809, 812, 813, 815, 817, 820
Limnophora　1660
Limnophora orbitalis　1658
Limnophora orinpiae　1661
Limnophyes　1381, 1406, 1407
Limnophyes akanonus　1380
Limnophyes sp.　1394, 1397, 1404
Limnoporus esakii　394, 398, 400, 403
Limnoporus genitalis　394, 400, 403, 404
Limnorimarga　830
Limonia　831
Limoniidae　807
Limoniinae　809, 824, 826, 828-831, 834, 836
Linevitshia　1356
Liodessus megacephalus　727
Liogma　842
Liogma brevipecten　842
Liogma mikado　842
Liogma serraticornis　842
Lipiniella　1420, 1427
Lipiniella moderata　1411, 1429, 1438
Lipsothirix　829
Lipsothrix　811, 824, 832
Lipsothrix apicifusca　828
Lipsothrix hynesiana　826
Lispe　1660
Lispe aquamarina　1658, 1660
Lispe consanguinea　1658-1660
Lispe hamanae　1658, 1660

Lispe orientalis 1658-1660
Lispe pacifica 1658, 1660
Lispe tentaculata 1658-1660
Lissorhoptrus 779
Lissorhoptrus oryzophilus 778
Lobomyia 1323, 1335, 1338
Lobomyia immaculata 1323, 1338
Lonchoptera 1571
Lonchoptera apicalis 1571
Lonchoptera bifurcata 1568, 1571
Lonchoptera fallax 1568
Lonchoptera hakonensis 1571
Lonchoptera impicta 1571
Lonchoptera lutea 1567, 1568
Lonchoptera meijerei 1571-1576
Lonchoptera nigrociliata 1568
Lonchoptera platytarsis 1571, 1587-1591
Lonchoptera sapporensis 1571, 1577-1581
Lonchoptera stackelbergi 1567, 1572, 1582-1586
Lonchoptera tristis 1568
Lonchopteridae 1565
(*Lophoceraomyia*) 1049, 1056
Luciola cruciata 777-779
Luciola lateralis 777, 778
Luciola owadai 777, 778
Ludicia 800, 801, 804
Lunatipula 854
Lutzia 1044, 1045, 1059
Lutzia (*Insulalutzia*) *shinonagai* 1059, 1060, 1152, 1235
Lutzia (*Metalutzia*) *fuscana* 1059, 1150, 1151
Lutzia (*Metalutzia*) *vorax* 1059, 1234
Lype 546-548
Lype excise 550
Lype sp. 549
Lyriothemis 219, 223
Lyriothemis elegantissima 220, 224, 225
Lyriothemis flava 223-225
Lyriothemis pachygastra 224, 225, 262
Lysmus harmandinus 440, 441
Lysmus ogatai 440, 441

M

Macgregoromyia 846
Macrodiplax 218, 245
Macrodiplax cora 219, 245, 260
Macroeubria 766
Macroeubria lewisi 767, 768
Macroeubria okinawana 767
Macroeubria similis 767
Macroeubria sp. 767
Macrogerris 404
Macromia 209, 210
Macromia amphigena 210
Macromia amphigena amphigena 210, 211, 259
Macromia amphigena masaco 211
Macromia clio 210, 212
Macromia daimoji 210, 211
Macromia kubokaiya 209-211
Macromia urania 211
Macromidia 208
Macromidia ishidai 209, 258

Macromiidae 182, 209
Macronematinae 456, 571, 574, 576, 577
Macropelopia 1320, 1335, 1339
Macropelopia (*Macropelopia*) *kibunensis* 1319, 1339
Macropelopia (*Macropelopia*) *paranebulosa* 1310, 1317, 1320, 1339
Macroplea 779
Macroplea japana 778
Macrosaldula koreana 410, 416
Macrosaldula miyamotoi 410, 412, 416
Macrosaldula shikokuana 410, 412, 416
Macrosaldula violacea 410, 412, 416
Macrostemum 571, 574, 576
Macrostemum okinawanum 572, 574
Macrostemum radiatum 445, 572, 574, 577
Malacopsephenoides 765
Malaya genurostris 1087, 1088, 1220, 1221
Mallota dimorpha 1600, 1602, 1606
Mallota takasagensis 1600, 1602, 1606
Manophylax 632, 633
Manophylax futabae 628, 632
Manophylax kyushuensis 632
Manophylax omogoensis 632
Manophylax sp. 443
Mansonia 1044, 1045, 1047
Mansonia (*Coquillettidia*) *crassipes* 1047
Mansonia (*Coquillettidia*) *ochracea* 1047, 1115
Mansonia (*Mansonioides*) *uniformis* 1048, 1116, 1117
(*Mansonioides*) 1047, 1048
Mataeopsephus 765
Mataeopsephus japonicus 767, 769
Mataeopsephus maculatus 767
Mataeopsephus taiwanicus 767
Matrona 155, 156
Matrona japonica 157, 246
Megacyttarus 1488, 1489
Megaloptera 429
Megaperlodes 290
Megaperlodes niger 282-284, 286, 288
Megapodagrionidae 155, 160
Megarcys 287
Megarcys ochracea 275, 280, 283-285
Melanotrichia 468, 472, 552
Melanotrichia forficula 552
Melanotrichia kibuneana 552
Melanotrichia tanzawaensis 552
Melligomphus 195, 205
Melligomphus viridicostus 196, 205, 257
Meringodixa 1014
Meroneurula 1500, 1509
Mesembrius flaviceps 1605
Mesembrius peregrinus 1599, 1602
Mesosmittia 1384, 1391
Mesosmittia flexuella 1401
Mesosmittia pathrihortae 1386
Mesovelia egorovi 371-373
Mesovelia horvathi 371-373
Mesovelia miyamotoi 371, 373
Mesovelia thermalis 371-374
Mesovelia vittigera 371-374
Mesoveliidae 334, 371-373

Mesyatsia 309
Mesyatsia imanishii 310
Mesyatsia sp. 278, 310
Metalimnobia 832
Metalype 545, 547, 548
Metalype uncatissima 545, 549, 550
Meterioptera 825
Metriocnemus 1378, 1407
Metriocnemus fuscipes 1370
Metriocnemus picipes 1377
Metriocnemus sp. 1404
Metrocoris esakii 395, 405-407
Metrocoris histrio 395, 405-407
Micracanthia boninana 411, 413, 415, 416
Micracanthia hasegawai 410, 413, 415, 417
Micracanthia ornatula 411, 413, 415, 417
Micrasema 594, 596
Micrasema akagiae 592, 593, 595, 596
Micrasema gelidum 592-594, 596
Micrasema hanasense 592-594, 596
Micrasema quadriloba 592, 593, 595, 596
Micrasema spinosum 592-594, 596
Micrasema uenoi 592-594, 596
Microchironomus 1409, 1436
Microchironomus tener 1414, 1439
Microdytes 722, 724
Microdytes uenoi 724, 727
Microlaccobius 755
Microlimonia 832
Micronecta (Basileonecta) sahlbergii 346
Micronecta (Basileonecta) sedula 346
Micronecta (Dichaetonecta) orientalis 346
Micronecta grisea 341, 342
Micronecta guttata 341, 342, 346
Micronecta hungerfordi 341, 342
Micronecta (Indonectella) grisea 347
Micronecta japonica 341, 342
Micronecta kiritshenkoi 341, 342, 346
Micronecta lenticularis 341, 342
Micronecta (Micronecta) guttata 347
Micronecta (Micronecta) hungerfordi 347
Micronecta (Micronecta) japonica 347
Micronecta (Micronecta) kiritshenkoi 347
Micronecta (Micronecta) lenticularis 347
Micronecta orientalis 341, 342, 346
Micronecta sahlbergii 341, 342, 346
Micronecta sedula 341, 342, 346
Micronectinae 341, 345, 346
Microperla 279
Microperla brevicauda 279, 281
Microperlinae 279
Microphorella 1487, 1543
Microphorella emiliae 1546
Microphorella sp. 1487, 1546
Microphorinae 1543, 1546
Micropsectra 1423, 1440
Micropsectra sp. 1428, 1439
Micropsectra yunoprima 1424
Microptila 502, 511
Microptila genka 502, 511
Microptila nakama 504, 511

Microptila orienthula 502, 504, 511
Microsema quadriloba 443
Microtendipes 1431
Microtendipes sp. 1410, 1418, 1428, 1429, 1432, 1438
Microtendipes umbrosus 1410, 1414
Microvelia 391
Microvelia douglasi 382, 385, 391
Microvelia horvathi 381, 382, 386, 391
Microvelia iriomotensis 381, 383, 386, 391
Microvelia japonica 382, 383, 386, 391
Microvelia kyushuensis 382, 383, 387, 391
Microvelia leveillei 381, 383, 385
Microvelia morimotoi 382, 383, 387, 391
Microvelia reticulata 381, 383, 387
Microvelia uenoi 382, 383, 388, 391
Microveliinae 382, 385-390
Mimomyia 1044, 1045
Mimomyia (Etorleptiomyia) elegans 1045, 1046
Mimomyia (Etorleptiomyia) luzonensis 1045, 1108, 1109
Miniperla 301
Miniperla japonica 293, 296, 297, 303
Mnais 155, 157
Mnais costalis 157, 158, 246
Mnais pruinosa 157
Molanna 465, 470, 657
Molanna moesta 657-659
Molanna nervosa 657-659
Molanna yaeyamensis 657, 660
Molannidae 458, 460, 465, 470, 657-659
Molannodes 658
Molannodes itoae 658, 659
Molophilus 809, 823, 827
Molophilus hirtipennis 826
Molophilus sp. 823, 828
Monodiamesa 1351, 1352
Monodiamesa bathyphila 1316, 1351, 1352
Monopelopia 1321, 1337, 1340
Monopelopia (Cantopelopia) sp. 1340
Monopelopia (Monopelopia) sp. 1340
Morimotoa 719, 722
Morimotoa phreatica 722, 727
Moropsyche 629, 632, 633
Moropsyche apicalis 631
Moropsyche higoana 630, 631
Moropsyche parvissima 630, 631
Moropsyche parvula 630, 631
Moropsyche spinifera 628, 630, 631
Moropsyche yugawarana 630, 631
Mortonagrion 170, 173
Mortonagrion hirosei 154, 173, 174, 249
Mortonagrion selenion 173
Munroessa 700
Muscidae 794, 796, 1657, 1658
Mystacides 464, 647-650
Mystacides azurea 648, 652, 656
Mystacides pacifica 648, 656
Mystacidini 647
Myxophaga 712, 741

N

Nagatomyia 1467, 1471, 1478

Nagatomyia melanica 1467, 1469, 1471, 1473, 1477
Nannophya 219, 229
Nannophya pygmaea 229, 260
Nanocladius 1373, 1395
Nanocladius asiaticus 1398
Nanocladius (*Nanocladius*) *tokuokasia* 1312, 1313
Nanocladius (*Plecopteracoluthus*) 1398
Nanocladius (*Plecopteracoluthus*) *asiaticus* 1393, 1396, 1402
Nanocladius tamabicolor 1374, 1396, 1402
Nanophyes 779
Nasiternella 800
Nasiternella varinervis 802
Natarsia 1320, 1337, 1341
Natarsia tokunagai 1320, 1341
Naucoridae 333, 360, 361
Nebrioporus 720, 721
Nebrioporus anchoralis 721
Nebrioporus hostilis 721
Nebrioporus nipponicus 721
Nebrioporus simplicipes 721, 727
Nehalennia 170
Nehalennia speciosa 169, 170, 248
Nematocera 792
Nemocapnia 320
Nemocapnia japonica 316
Nemotaulius 616, 620, 622
Nemotaulius admorsus 448, 616, 621, 626
Nemotaulius brevilinea 616, 626
Nemotaulius miyakei 616, 626
Nemotelus 1450
Nemotelus pantherinus 1450
Nemoura 311-313, 326
Nemoura fulva 314
Nemoura japonica 314
Nemoura jezoensis 314
Nemoura longicercia 314
Nemoura sp. 312
Nemoura spp. 314
Nemouridae 274, 276, 311, 326
Nemourinae 313
Nemouroidea 274
Neobrillia 1376, 1407
Neobrillia longistyla 1312, 1313, 1377, 1393, 1394, 1397, 1403
Neochauliodes 429, 434
Neochauliodes amamioshimanus 434, 435
Neochauliodes azumai 434, 435
Neochauliodes formosanus 434
Neochauliodes nigris 434
(*Neoculex*) 1048, 1049, 1055
Neogerris boninensis 393, 401, 403, 404
Neogerris parvulus 393, 401, 403, 404
Neohapalothrix 865, 897, 909-911, 923, 924
Neohapalothrix kanii 897, 898, 902, 923, 924
Neohapalothrix manschukuensis 861, 897-901, 911, 923, 924
Neohapalothrix shirozui 900, 901
Neohydrocoptus 715, 716
Neohydrocoptus bivittis 716
Neohydrocoptus sp. 716

Neohydrocoptus subvittulus 716
Neolimnophila 821
(*Neomelaniconion*) 1061, 1066, 1081
Neonectes 720, 722
Neonectes natrix 722, 727
Neoperla 295, 296, 304
Neoperla geniculata 278, 303
Neoperla sp. 302, 303
Neoperlini 304
Neophylax 443, 444, 464, 470, 634, 635
Neophylax japonicus 634-636
Neophylax koizumii 634-636
Neophylax shikoku 634-636
Neophylax sp. NA 635
Neophylax ussuriensis 634-636
Neoriohelmis 773, 775
Neoriohelmis kurosawai 775
Neoriohelmis kuwatai 775
Neoschoenobia 696
Neoschoenobia testacealis 698, 702
Neozavrelia 1423, 1440
Neozavrelia bicoliocula 1424
Nepa hoffmanni 334-336
Nephrotoma 846
Nepidae 332, 334, 335
Nepinae 336
Nepomorpha 334
Nerthra macrothorax 360, 361
Neureclipsis 562, 563
Neureclipsis mandjurica 562, 564, 566
Neuroptera 437
Neurothemis 223, 231
Neurothemis fluctuans 231
Neurothemis ramburi ramburi 231
Neurothemis terminata terminata 231
Nevrorthidae 437, 438, 439
Nevrorthus fallax 438
Nigrobaetis 92, 93, 103, 104, 109
Nigrobaetis acinaciger 103, 104, 109, 110
Nigrobaetis apterus 109, 110
Nigrobaetis chocorata 109
Nigrobaetis ishigakiensis 109, 110
Nigrobaetis latus 103, 104, 109, 110
Nigrobaetis sacishimensis 109, 110
Nigrobaetis sp. D 103, 104, 109, 110
Nigrobaetis sp. N 103, 104, 109
Nigrobaetis sp. P 104
Nigrocephala group 478, 484, 486, 492
Nihonogomphus 195, 205
Nihonogomphus viridis 196, 205, 255
Nilodorum 1416, 1427
Nilodorum tainanus 1410, 1418, 1429, 1432
"*Nilodosis*" sp. 1430
Nilodosis sp. 1429, 1432, 1438
Nilotanypus 1321, 1338, 1341
Nilotanypus minutus 1311, 1321, 1341
Nilothauma 1420, 1431
Nilothauma niidaense 1419
Nilothauma sp. 1432
Niponiella 299
Niponiella limbatella 294, 295, 297, 298

Nippoberaea　465, 669
Nippoberaea gracilis　669
Nippolimnophila　814
Nipponeubria　766
Nipponeubria yoshitomii　768
Nipponeurorthus flinti　439
Nipponeurorthus fuscinervis　438, 439
Nipponeurorthus pallidinervis　438, 439
Nipponeurorthus punctatus　438, 439
Nipponeurorthus tinctipennis　438, 439
Nipponomyia　800, 801
Nipponpomyia kuwanai　802
Nippotipula　854
Nocticanace　1644, 1645, 1647, 1649
Nocticanace danjoensis　1647
Nocticanace hachijoensis　1647, 1649
Nocticanace japonica　1647, 1649
Nocticanace pacifica　1647, 1649
Nocticanace peculiaris　1647
Nocticanace takagii　1647, 1649
Nomuraelmis　773, 774
Nomuraelmis amamiensis　769, 774
Notaris　779
Noteridae　713, 715, 717
Noterus　716
Noterus angustulus　716
Noterus clavicornis　716, 717
Noterus japonicus　716, 717
Nothopsyche　613, 620, 623
Nothopsyche longicornis　614, 622, 625
Nothopsyche pallipes　614, 619, 625
Nothopsyche ruficollis　448, 614, 619, 622, 625
Nothopsyche speciosa　614, 619, 622, 625
Nothopsyche sp. NA　622
Nothopsyche ulmeri　614, 625
Nothopsyche yamagataensis　614, 619, 622, 625
Notomicrus　716, 718
Notomicrus tenellus　718
Notonecta montandoni　362-364
Notonecta (*Notonecta*) *montandoni*　366
Notonecta (*Notonecta*) *reuteri reuteri*　367
Notonecta (*Paranecta*) *triguttata*　367
Notonecta reuteri reuteri　362, 363
Notonecta triguttata　362, 363
Notonectidae　333, 362-365
Notonectinae　366
Nyctiophylax　463, 561, 563
Nyctiophylax kisoensis　561, 563, 564, 566
Nymphomyia alba　929, 931-933
Nymphomyia kannasatoi　932, 933
Nymphomyia rohdendorfi　932
Nymphomyiidae　792, 929
Nymphula　696, 705
Nymphula corculina　698, 705
Nymphulinae　696

O

Obipteryx　309, 311
Obipteryx femoralis　310
Obipteryx sp.　310
(*Ochlerotatus*)　1061, 1066

Ochteridae　332, 359, 361
Ochterus marginatus marginatus　361
Ochterus (*Ochterus*) *marginatus marginatus*　359
Ochthebius　745, 746
Ochthebius amami　747
Ochthebius danjo　747
Ochthebius granulosus　750
Ochthebius hasegawai　747
Ochthebius hokkaidensis　747
Ochthebius inermis　747, 750
Ochthebius japonicus　747
Ochthebius nakanei　747
Ochthebius nipponicus　747
Ochthebius satoi　747
Ochthebius sp.　750
Ochthebius (s.str.) *asanoae*　747
Ochthebius (s.str.) *granulosus*　747
Ochthebius (s.str.) *hayashii*　747
Ochthebius (s.str.) *matsudae*　748
Ochthebius (s.str.) *yoshitomii*　748
Ochthebius vandykei　747
Ochtherohilara　1500, 1505
Odeles　762
Odeles inornata　763
Odeles wilsoni　763, 764
Odonata　151, 152
Odonatisca　856
Odontoceridae　458, 460, 461, 465, 470, 665, 666
Odontomesa　1351, 1352
Odontomyia　1450, 1452
Odontomyia argentata　1449, 1451
Odontomyia cincta　1450
Odontomyia garatas　1447, 1448
Odontomyia okinawae　1448
Odontomyia ornata　1450, 1451
Odontomyia sp.　1450
Odontomyia sp. 1　1449
Odontomyia sp. 2　1449
Odontomyia tigrina　1451
Oecetini　646
Oecetis　470, 473, 646, 648-651
Oecetis antennata　646, 655
Oecetis brachyura　646, 655
Oecetis caucula　646, 655
Oecetis furva　647
Oecetis hamochiensis　646, 655
Oecetis morii　646, 652, 655
Oecetis nigropunctata　646, 652, 655
Oecetis odanis　646
Oecetis spatula　646, 655
Oecetis testacea kumanskii　646
Oecetis tripunctata　646, 655
Oecetis tsudai　646, 652, 655
Oecetis yukii　646, 652, 655
Oedoparena minor　1609
Oligoneuriella　120, 121
Oligoneuriella pallida　42, 120, 121
Oligoneuriidae　42, 56, 57, 120, 121
Oligostomis　587
Oligostomis wigginsi　586-589
Oligotricha　585, 589

Oligotricha fluvipes   448, 585, 586, 588
Oligotricha hybridoides   585, 588
Oligotricha spicata   587, 588
Omaniidae   333, 419, 420
Omisus   1420, 1434
Omisus caledonicus   1419, 1433
Ondakensis group   618, 625
Oplodontha   1450, 1452
Oplodontha sp.   1448
Oplodontha viridula   1449, 1451
Optioservus   771, 773, 775
Optioservus hagai   775
Optioservus inahatai   775
Optioservus maculatus   776
Optioservus masakazui   776
Optioservus nitidus   775
Optioservus occidens   776
Optioservus ogatai   776
Optioservus sakaii   775
Optioservus variabilis   776
Optioservus yoshitomii   775
Ora   763
Ordobrevia   771, 773, 774
Ordobrevia amamiensis   769
Ordobrevia foveicollis   774
Orectochilinae   738, 739
Orectochilus   738, 739
Orectochilus agilis   739
Orectochilus punctipennis   739
Orectochilus regimbarti   739
Orectochilus teranishii   739
Orectochilus villosus   739
Orectochilus yayeyamensis   739
Oreodytes   720, 721
Oreodytes alpinus   722
Oreodytes kanoi   722
Oreodytes rivalis   721, 727
Oreogeton   1484, 1509-1512, 1549, 1552
Oreogeton basalis   1552
Oreogeton frontalis   1510-1513
Oreogetoninae   1509, 1552
Oreogeton nippon   1485, 1510-1512
Oreogeton sp.   1552
Oreogeton tibialis   1510-1513
Oreophila   823, 827
Orientelmis   773, 775
Orientelmis parvula   769, 775
Orimarga   811, 829, 830, 837
Ormosia   810, 823, 827
Ormosia sp.   823, 828
Orthetrum   222, 225
Orthetrum albistylum speciosum   181, 226-228, 261
Orthetrum glaucum   226, 228
Orthetrum internum   226-228
Orthetrum japonicum   226-228
Orthetrum luzonicum   226-228
Orthetrum melania   226
Orthetrum melania melania   227, 228
Orthetrum melania ryukyuensis   229
Orthetrum melania yaeyamense   229
Orthetrum poecilops miyajimaensis   226-228

Orthetrum pruinosum neglectum   226, 227, 229
Orthetrum sabina sabina   220, 226
Orthocladiinae   1309, 1316, 1368
Orthocladius   1384, 1387, 1395, 1400, 1405
Orthocladius excavates   1386
Orthocladius saxosus   1393, 1397
Orthocladius sp.   1368, 1380
Orthocladius suspensus   1396, 1402
Orthocladius (*Symposiocladius*)   1400
Orthocladius (*Symposiocladius*) *lignicola*   1311, 1393, 1397, 1403
Orthogoniocera   1450
Orthogoniocera hirayamae   1448
Orthogoniocera shikokuana   1448
Orthogoniocera sp.   1448, 1449
Orthopodomyia   1044-1046
Orthopodomyia anopheloides   1047, 1113, 1114
Orthorrhaphous   792
Orthotrichia   462, 503, 504, 511
Orthotrichia coreana   506, 511
Orthotrichia costalis   504, 511
Orthotrichia iriomotensis   506, 511
Orthotrichia tragetti   504, 506, 511
Osmylidae   437, 439, 440
Osmylus   439
Osmylus decoratus   439-441
Osmylus hyalinatus   439-441
Osmylus pryeri   439-441
Osmylus tessellatus   439, 440
Ostrovus   282, 284, 290
Ostrovus sp.   283, 288, 289
Oxycera   1447, 1451
Oxycera kusigematii   1448
Oxycera rara   1449
Oxycera sp.   1448-1450
Oxyethira   506, 509
Oxyethira acuta   503, 504, 506, 509
Oxyethira angustella   506, 509
Oxyethira chitosea   506, 509
Oxyethira hiroshima   506, 509
Oxyethira mekunna   506, 509
Oxyethira miea   506, 509
Oxyethira okinawa   506, 509
Oxyethira ozea   506, 509
Oxyethira shumari   506, 509
Oxyethira tsuruga   506, 509
Oyamia   295, 296, 300, 326
Oyamia lugubris   294, 302, 303
Oyamia sp.   275

P

Paduneilla horaiensis   545
Paduneilla uralensis   545
Padunia   514, 522-524
Padunia alpina   517, 521, 522, 524
Padunia forcipata   517, 521, 522, 524
Padunia introflexa   524
Padunia obipyriformis   524
Padunia pallida   524
Padunia perparvus   524
Padunia ramifera   524

Padunia rectangularis 524
Padunia sp. 518
Paduniella 545, 547, 548, 551
Paduniella amamiensis 545, 551
Paduniella communis 545, 549, 551
Paduniella horaiensis 551
Paduniella tanidai 545, 551
Paduniella uralensis 551
Pagastia 1354, 1356, 1359
Pagastia lanceolata 1353, 1354
Pagastia nivis 1354
Pagastia (*Pagastia*) *lanceolata* 1359
Pagastia (*Pagastia*) *nivis* 1359
Pagastiella 1421, 1435
Pagastiella orophila 1433, 1438
Pagastiella sp. 1410, 1419
Palaeagapetus 471, 512, 513
Palaeagapetus flexus 512, 513
Palaeagapetus fukuiensis 512, 513
Palaeagapetus kyushuensis 512, 513
Palaeagapetus ovatus 444, 512, 513
Palaeagapetus parvus 512, 513
Palaeagapetus shikokuensis 512, 513
Pantala 222, 244
Pantala flavescens 221, 245, 265
Paracapnia 316, 320
Paracapnia recta 319
Paracercion 170, 176
Paracercion calamorum calamorum 176, 177
Paracercion hieroglyphicum 176-178
Paracercion melanotum 176, 177, 250
Paracercion plagiosum 176, 178
Paracercion sieboldii 177
Parachaetocladius 1382, 1395
Parachaetocladius sp. 1383, 1394, 1396, 1402, 1404
Parachauliodes 429, 432
Parachauliodes asahinai 432
Parachauliodes continentalis 431, 432, 435
Parachauliodes japonicus 431, 432, 435
Parachauliodes nebulosus 434
Parachauliodes niger 434, 435
Parachauliodes sp. 432
Parachauliodes yanbaru 434
Parachironomus 1412, 1436
Parachironomus arcuatus 1310
Parachironomus gracilior 1432, 1439
Parachironomus monochromes 1415
Paracladius 1375, 1399
Paracladius alpicola 1396
Paracladopelma 1412, 1437
Paracladopelma camptolabis 1415
Paracladopelma kisopediformis 1414
Paracladopelma nais 1433
Paracldius akansextus 1374
Paraclius 1558
Paracoenia fumosa 1645
Paracricotopus 1375, 1400, 1405
Paracricotopus irregularis 1310, 1374, 1393, 1403
Paracymoriza 697, 700, 701
Paracymoriza vagalis 700, 701
Paracymus 753, 754, 756

Paracymus aeneus 756
Paracymus orientalis 756
Paradelphomyia 810, 814, 818
Paradelphomyia (*Oxyrhiza*) *macracantha* 818
Paradelphomyia (*Oxyrhiza*) *nimbicolor* 818
Paradelphomyia (*Oxyrhiza*) *nipponensis* 818
Paragnetina 295, 296, 301, 326
Paragnetina bolivari 298
Paragnetina japonica 303
Paragnetina suzukii 302
Paragnetina tinctipennis 294
Parakiefferiella 1387, 1398, 1406
Parakiefferiella bathophila 1389
Parakiefferiella sp. 1393, 1397, 1402
Paralauterborniella 1420, 1434
Paralauterborniella nigrohalteralis 1418, 1433
Paraleptophlebia 59, 60
Paraleptophlebia japonica 31, 52, 60-63
Paraleptophlebia spinosa 60-63
Paraleptophlebia westoni 31, 60-63
Paraleuctra 321
Paraleuctra cercia 322
Paraleuctra okamotoa 322
Paraleuctra sp. 278, 322
Paralichas 765
Paralichas pectinatus 764
Paramacronychus 772, 774, 776
Paramacronychus granulatus 776
Parametriocnemus 1378, 1407
Parametriocnemus sp. 1397
Parametriocnemus stylatus 1316, 1374, 1377, 1380, 1394
Paraphaenocladius 1378, 1407
Paraphaenocladius sp. 1377, 1394, 1397, 1404
Paraplea indistinguenda 363, 369
Paraplea japonica 363, 369
Paraplea liturata 363, 369, 370
Parapoynx 697
Parapoynx bilinealis 698
Parapoynx crisonalis 698, 701
Parapoynx diminutalis 700, 701
Parapoynx fluctuosalis 698, 702
Parapoynx rectilinealis 698
Parapoynx stagnalis 700, 701
Parapoynx ussuriensis 698, 701
Parapoynx vittalis 698, 702
Parapsyche 567, 568
Parapsyche aureocephala 567, 570
Parapsyche kurosawai 567
Parapsyche maculata group 567, 569, 570
Parapsyche shikotsuensis 567, 569, 570
Parapsyche sp. PB 569
Parasimuliinae 1303
Parasimulium 1303
Parasmittia 1379, 1392
Parasmittia carinata 1401
Parasmittia kamiacuta 1380
Parasmittia sp. 1393
Paratanytarsus 1423, 1440
Paratanytarsus lauterborni 1311
Paratanytarsus sp. 1433, 1439
Paratanytarsus tenuis 1410, 1424

Paratendipes   1421, 1434
Paratendipes albofasciatus   1419, 1433
Paratendipes nubilus   1311
Paratrichocladius   1371, 1405
Paratrichocladius rufiventris   1370, 1404
Paratrissocladius   1385, 1398
Paratrissocladius sp.   1386, 1393, 1396, 1402
Paraypoynx rectilinealis   702
Parilisia   824
Parormosia   827
Parorthocladius   1385, 1399
Parorthocladius sp.   1396, 1403
Patapius spinosus   419, 420
Pedicia   800, 801, 804
Pedicia (*Amalopis*) sp.   802
Pedicia (*Pedicia*) *gifuensis*   802, 803
Pedicia (*Pedicia*) sp.   802
Pediciidae   799, 802, 803, 805
Pediciinae   799
Pelthydrus   754, 758
Pelthydrus japonicus   758, 761
Pelthydrus okinawanus   758
Peltodytes   713, 714
Peltodytes caesus   717
Peltodytes intermedius   714, 717
Peltodytes sinensis   714
Peltoperlidae   274, 276, 279
Peltoperlinae   280
Pericoma   935, 936
Pericoma sp. PA   936
Pericoma sp. PB   937
Pericoma sp. PC   936, 937
Perissoneura   465, 665, 667
Perissoneura paradoxa   665-667
Perissoneura similis   665-667
Perlidae   274, 276, 293, 325
Perlinae   300
Perlini   300
Perlodes   290
Perlodes frisonanus   282-284, 288
Perlodidae   274, 276, 280, 325
Perlodinae   284
Perlodini   282, 284, 287, 290
Perlodini Gen. sp.   283, 288, 289
Perloidea   274, 276
Perlomyia   321, 327
Perlomyia sp.   322
Petaluridae   180, 182
Phaenopsectra   1408, 1435
Phaenopsectra flavipes   1410, 1414, 1433, 1438
Pherbellia   1613, 1614, 1616
Pherbellia alpina   1618
Pherbellia ditoma   1617, 1618, 1631, 1634
Pherbellia dorsata   1635
Pherbellia dubia   1618, 1631
Pherbellia griseola   1617-1619, 1631, 1634-1636
Pherbellia nana reticulata   1617, 1619, 1631, 1634
Pherbellia obscura   1617, 1619
Pherbellia schoenherri schoenherri   1617, 1619, 1634
Pherbellia tricolor   1617, 1620
Pherbina   1613-1615, 1625

Pherbina coryleti   1638
Pherbina intermedia   1625, 1635
Philopotamidae   456, 458, 462, 466, 468, 472, 529, 530
Philorus   865, 875, 876, 909, 910, 916, 918, 919
Philorus alpinus   861, 876-879, 908, 917, 919, 920
Philorus ezoensis   917, 918, 920
Philorus gokaensis   876, 877, 883, 884, 917, 919, 920
Philorus kibunensis   876, 877, 880, 882, 917, 918, 920
Philorus kuyaensis   876, 877, 880, 881, 911, 916, 918, 920
Philorus longirostris   876, 877, 886, 888, 917, 919, 921
Philorus minor   876, 877, 888, 889, 917, 919, 921
Philorus sikokuensis   876-878, 917, 919, 920
Philorus simasimensis   876, 877, 883, 885, 919, 920
Philorus vividis   876, 877, 886, 887, 917, 918, 920
Phoroctenia   846
Phreatodytes relictus   717
Phreatodytes sublimbatus   717
Phreatodytidae   712, 713, 715, 717
Phryganea   587, 589
Phryganea japonica   448, 586-589
Phryganeidae   456, 459, 461, 463, 585, 586, 588
Phryganopsyche   463, 469, 473, 584
Phryganopsyche brunnea   584, 585
Phryganopsyche latipennis   584
Phryganopsychidae   457, 459, 463, 469, 473, 584
Phylidorea   815
Phylidorea sp.   813
Phylocentropus   460, 553, 554
Phylocentropus shigae   553, 554, 556
Phytomia zonata   1598, 1602, 1604
Pilaria   811, 815, 818
Pilaria sp.   813
Pilaria tokionis   820
Planaeschna   183, 185
Planaeschna ishigakiana   185
Planaeschna ishigakiana ishigakiana   185-187
Planaeschna ishigakiana nagaminei   186, 187
Planaeschna milnei   185
Planaeschna milnei milnei   181, 184, 186, 252
Planaeschna milnei naica   186, 187
Planaeschna risi sakishimana   185-187
Platambus   731
Platambus convexus   731
Platambus fimbriatus   731
Platambus ikedai   732
Platambus insolitus   732
Platambus nakanei   732
Platambus optatus   732
Platambus pictipennis   731
Platambus sawadai   732
Plateumaris   779
Platycnemididae   153, 165
Platycnemis   165, 166
Platycnemis echigoana   154, 165-167, 248
Platycnemis foliacea sasakii   165-167
Platynectes   732
Platynectes chujoi   732, 737
Platytipula   854
Plecoptera   271, 325
Plectrocnemia   469, 560, 563-565
Plectrocnemia chirotheca   560, 565

Plectrocnemia corna　560, 565
Plectrocnemia divisa　560, 565
Plectrocnemia galloisi　560
Plectrocnemia hirayamai　561, 565
Plectrocnemia levanidovae　561, 565
Plectrocnemia nagayamai　561, 565
Plectrocnemia nigrospinus　561, 565
Plectrocnemia norikurana　561, 565
Plectrocnemia odamiyamensis　561, 565
Plectrocnemia okiensis　561, 565
Plectrocnemia ondakeana　561, 565
Plectrocnemia scoparia　561, 565
Plectrocnemia suzukii　561, 565
Plectrocnemia tochimotoi　561, 565
Plectrocnemia tsukuiensis　561, 565
Plectrocnemia wui　561, 565
Pleidae　333, 363, 369
Plethus　506, 511
Plethus ukalegon　503, 504, 506, 511
Podonominae　1309, 1347
Polycanthagyna　183, 188
Polycanthagyna melanictera　184, 188, 253
Polycentropodidae　457, 459, 463, 467, 469, 472, 560, 564-566
Polymera　811, 814, 819
Polymera parvicornis　819
Polymitarcyidae　34, 56, 57, 67
Polypedilum　1413, 1434
Polypedilum nubifer　1410, 1429, 1438
Polypedilum pembai　1428
Polypedilum (*Pentapedilum*)　1408
Polypedilum (*Polypedilum*) *albicorne*　1312
Polypedilum (*Tripodula*) *parapicatum*　1311
Polypedilum (*Uresipedilum*) *paraviceps*　1313
Polypedilum yamasinense　1414
Polyphaga　712, 742
Polyplectropus　467, 472, 562, 563
Polyplectropus malickyi　562, 566
Polyplectropus moritai　562, 566
Polyplectropus nocturnus　562
Polyplectropus protensus　562, 564, 566
Polyplectropus sp.　566
Polyplectropus unicus　562, 566
Polyprectropus　563
Pontomyia　1423, 1440
Pontomyia pacifica　1424, 1439
Potamanthidae　32, 56, 57, 64, 65
Potamanthodes (*Potamanthodes*)　64
Potamanthus　64
Potamanthus (*Potamanthodes*)　64
Potamanthus (*Potamanthodes*) *formosus*　32, 64, 65
Potamanthus (*Potamanthus*)　64
Potamanthus (*Potamanthus*) *huoshanensis*　32, 64, 65
Potamomusa　697, 701
Potamomusa midas　698, 701
Potamyia　574, 576
Potamyia chinensis　574, 583
Potthastia　1354-1356, 1360
Potthastia gaedii　1353-1355, 1360
Potthastia longimanus　1353, 1354, 1360
Potthastia montium　1355, 1360

Pracladius conversus　1374
Prasocuris phellandrii　778
Prionocera　849, 853
Prionocera subserricornis　853
Prionocyphon　763
Prionolabis　816
Procanace　1644, 1645, 1647, 1648
Procanace aestuaricola　1646-1648
Procanace cressoni　1646-1648
Procanace flavescens　1646-1648
Procanace flaviantennalis　1645-1648
Procanace fulva　1646, 1648
Procanace grisescens　1646, 1648
Procanace nakazatoi　1646, 1648
Procanace rivalis　1646, 1648
Procanace suigoensis　1646, 1648
Procanace williamsi　1646, 1648, 1649
Procas　779
Procladius　1318, 1340, 1342
Procladius (*Holotanypus*) *choreus*　1311-1313, 1318, 1342
Proclinopyga　1484, 1515, 1516, 1518
Proclinopyga bispinicauda　1486, 1516-1518
Proclinopyga pervaga　1516-1518
Proclinopyga seticosta　1516
Proclinopyga seticosta seticosta　1516-1518
Proclinopyga spp.　1517, 1518
Procloeon　92, 93, 105, 110
Procloeon bimaculatum　110
Procloeon spp.　105
Prodiamesa　1351, 1352
Prodiamesa levanidovae　1311, 1313, 1351, 1352
Prodiamesinae　1309, 1310, 1350, 1351
Prolipophleps　825
Propsilocerus　1382, 1395
Propsilocerus akamusi　1383, 1396, 1402
Prosimuliini　1280, 1299
Prosimulium　1288, 1291, 1292, 1303
Prosimulium (*Distosimulium*)　1303
Prosimulium (*Distosimulium*) *daisetsense*　1289, 1291, 1293, 1301, 1303
Prosimulium (*Helodon*)　1300
Prosimulium (*Helodon*) *kamui*　1289, 1291, 1293, 1301, 1303
Prosimulium (*Prosimulium*)　1300
Prosimulium (*Prosimulium*) *jezonicum*　1289, 1291, 1293, 1301, 1302
Prosimulium (*Prosimulium*) *kanii*　1289, 1291, 1293, 1302
Prosimulium (*Prosimulium*) *kiotoense*　1289, 1291, 1293, 1301-1303
Prosimulium (*Prosimulium*) *yezoense*　1289, 1291, 1293
Prosimulium (*Twinnia*) *cannibora*　1303
Prosimulium (*Twinnia*) *japonense*　1288, 1291, 1293, 1301-1303
Prosmittia　1388
Prosmittia jemtolandicus　1389
Protanyderus　939
Protanyderus alexanderi　940-942
Protanyderus esakii　940, 941
Protanypus　1353, 1361
Protohermes　429, 431, 434
Protohermes disjunctus　434-436

Protohermes grandis 434, 435
Protohermes immaculatus 434-436
Protonemura 311-313, 315
Protonemura orbiculata 314
Protoplasa fitchii 940
Psacadina 1625
Psacadina kaszabi 1626, 1635
Psacadna 1613
Psectrocladius 1381, 1399
Psectrocladius flavus 1383
Psectrocladius simulans 1372
Psectrocladius sp. 1396, 1397, 1403
Psectrocladius yunoquartus 1383
Psectrotanypus 1319, 1340, 1342
Psectrotanypus varius 1319, 1342
Pselliophora 846
Psephenidae 743, 744, 765, 768, 769
Psephenoides 765
Psephenoides japonicus 768
Pseudagrion 168, 172
Pseudagrion microcephalum 171, 172, 249
Pseudagrion pilidorsum pilidorsum 154, 169, 171, 172
Pseudamophilus 771, 773, 776
Pseudamophilus japonicus 769, 776
Pseudochironomini 1408, 1426
Pseudochironomus 1408, 1430
Pseudochironomus prasinatus 1410, 1414, 1428, 1429
Pseudocopera 165, 166
Pseudocopera annulata 166, 167
Pseudocopera tokyoensis 166, 167, 248
Pseudodiamesa 1355, 1361, 1362
Pseudodiamesa branickii 1355, 1362
Pseudoepilichas niponicus 764
(*Pseudoficalbia*) 1084
Pseudoglochina 831
Pseudolimnophila 810, 815, 819
Pseudolimnophila inconcussa 819, 820
Pseudolimnophila luteipennis 817
Pseudolimnophila telephallus 819
Pseudomegarcys 287
Pseudomegarcys japonica 282-286
Pseudoneureclipsis 460, 554, 555
Pseudoragas 1500, 1509
Pseudoragas japonica 1509
Pseudorhamphomyia 1500, 1504
Pseudorhicnoessa 1644, 1650, 1651
Pseudorhicnoessa spinipes 1650, 1651
Pseudorthocladius 1378, 1382, 1395
Pseudorthocladius fujiquintus 1383
Pseudorthocladius matusecundus 1369, 1380, 1383
Pseudorthocladius pilosipennis 1378, 1380
Pseudorthocladius sp. 1396
Pseudosmittia 1390, 1391
Pseudosmittia forcipata 1389
Pseudosmittia sp. 1383, 1394, 1401
Pseudostenophylacinae 617
Pseudostenophylax 464, 469, 617, 620, 625
Pseudostenophylax befui 618, 627
Pseudostenophylax dentilus 618, 627
Pseudostenophylax itoae 618, 627
Pseudostenophylax kuharai 618, 627

Pseudostenophylax ondakensis 618, 627
Pseudostenophylax tanidai 617, 627
Pseudostenophylax tochigiensis 448, 618, 624, 627
Pseudostenophylax tohokuensis 618, 627
Pseudothemis 222, 241
Pseudothemis zonata 222, 241, 264
Pseudovelia esakii 381, 384, 388
Pseudovelia hirashimai 381, 384, 388
Pseudovelia takarai 381, 384, 389
Pseudovelia tibialis tibialis 381, 384, 389
Pseudovelia tsutsuii 384, 389
Pseudoxyethira 503, 507, 511
Pseudoxyethira funatsuki 507, 511
Pseudoxyethira ishiharai 504, 507, 511
Pseudoxyethira thingana 507, 511
Psilometriocnemus 1385, 1406
Psilometriocnemus sp. 1397
Psilotreta 465, 470, 665, 667
Psilotreta japonica 665-667
Psilotreta kisoensis 665-667
Psilotreta sp. 665, 667
Psolodesmus 155, 157
Psolodesmus mandarinus kuroiwae 156, 157, 246
Psychoda 935
Psychodidae 935
Psychodide 792
Psychomyia 462, 466, 544, 547, 548
Psychomyia acutipennis 545, 550
Psychomyia armata 545, 550
Psychomyia billinis 545, 550
Psychomyia flavida 545, 550
Psychomyia morisitai 545, 550
Psychomyia nipponica 545, 550
Psychomyia sp. 472, 549
Psychomyiidae 457, 460, 462, 466, 468, 472, 544, 548-551
Psychomyiinae 544
Pterelachisus 854, 856
Ptilocolepidae 455, 458, 471, 512
Ptilodactylidae 743, 744, 764
Ptychoptera 944
Ptychoptera clitellaria 944, 947
Ptychoptera daimio 944, 946-948, 953
Ptychoptera formosensis 946-948, 953
Ptychoptera ichitai 946, 947, 951, 952
Ptychoptera japonica 946, 947, 950, 952, 953
Ptychoptera kyushuensis 945-947, 951, 952
Ptychoptera pallidicostalis 946, 947, 949, 952
Ptychoptera shirakamiensis 946, 951, 952
Ptychoptera subscutellaris 944, 946-948, 953
Ptychoptera takeuchii 946, 947, 949, 952
Ptychoptera yamato 946, 947, 950, 952
Ptychoptera yasumatsui 946, 947, 949
Ptychopteridae 792, 943, 946
Ptychopterinae 943, 944, 948-951, 953

R

Ranatra chinensis 335, 336
Ranatra longipes 335-337
Ranatra unicolor 335-337
Ranatrinae 336
Regimbartia 752, 759, 762

Regimbartia attenuata 762
Retracta group 476, 482, 489, 491
Rhabdomastix 811, 812, 822, 825
Rhabdomastix californiensis 826
Rhabdomastix setigera 826
Rhabdomastix trichophora 826
Rhagadotarsinae 396, 399
Rhagadotarsus kraepelini 393, 399
Rhagadotarsus (Rhagadotarsus) kraepelini 396
Rhagovelia esakii 380, 385
Rhagovelia (Neorhagovelia) esakii 382
Rhagoveliinae 382, 385
Rhamphomyia 1487
Rhamphomyia (Megacyttarus) 1486, 1488, 1490-1495
Rhamphomyia (Megacyttarus) argyreata 1492
Rhamphomyia (Megacyttarus) argyrosoma 1489, 1495-1497
Rhamphomyia (Megacyttarus) brevicellula 1489, 1493-1495, 1498
Rhamphomyia (Megacyttarus) brunneostriata 1489, 1490, 1494-1496
Rhamphomyia (Megacyttarus) geisha 1489, 1492, 1495-1497
Rhamphomyia (Megacyttarus) hagoromo 1489, 1491, 1494, 1496, 1498
Rhamphomyia (Megacyttarus) pilosifacies 1489, 1491, 1494, 1495, 1497
Rhamphomyia (Megacyttarus) sororia 1489, 1493-1495, 1498
Rhamphomyia (Megacyttarus) trimaculata 1489, 1490, 1494, 1495, 1497
Rhantaticus 734, 735
Rhantaticus congestus 735
Rhantus 732
Rhantus erraticus 733
Rhantus notaticollis 733
Rhantus suturalis 733
Rhantus yessoensis 733
Rhaphidolabis 800, 804
Rhaphiocerina 1447
Rhaphiocerina hakiensis 1448
Rhaphiocerina sp. 1449
Rhaphium 1559, 1560
Rheocricotopus 1373, 1399
Rheocricotopus amamipubescia 1374
Rheocricotopus chalybeatus 1372, 1374
Rheocricotopus kurocedeus 1374
Rheocricotopus longiligulatus 1370
Rheocricotopus sp. 1396, 1401
Rheopelopia 1322, 1343, 1344
Rheopelopia joganflava 1322, 1344
Rheosmittia 1370, 1392
Rheosmittia sp. 1393
Rheotanytarsus 1425, 1440
Rheotanytarsus kyotoensis 1315, 1424
Rheotanytarsus sp. 1433, 1439
Rhinocypha 158
Rhinocypha ogasawarensis 158
Rhinocypha uenoi 158, 159, 246
Rhipidia 831
Rhipidolestes 160

Rhipidolestes aculeatus 161, 247
Rhipidolestes amamiensis amamiensis 161
Rhipidolestes amamiensis tokunoshimensis 161
Rhipidolestes asatoi 160
Rhipidolestes hiraoi 160
Rhipidolestes okinawanus 154, 161
Rhipidolestes shozoi 161
Rhipidolestes yakusimensis 160
Rhithrogena 122, 139, 140, 143
Rhithrogena japonica 139, 140, 143, 144
Rhithrogena minazuki 46, 139, 140, 143, 144
Rhithrogena parva 139, 140, 143, 144
Rhithrogena sp. 139, 144
Rhithrogena spp. 144
Rhithrogena tateyamana 46, 140, 143, 144
Rhithrogena tetrapunctigera 139, 140, 143, 144
Rhopalopsole 321, 323, 327
Rhopalopsole sp. 322
Rhyacodromia 1484, 1536
Rhyacodromia flavicoxa 1487, 1537, 1538
Rhyacophila 462, 466, 468, 474, 475, 477
Rhyacophila arefini 477, 480, 483, 487, 495
Rhyacophila articulata 481, 490
Rhyacophila azumaensis 478, 479, 486, 488, 495
Rhyacophila bilobata 478, 479, 485, 493
Rhyacophila brevicephala 446, 477, 480, 481, 485, 489, 496
Rhyacophila clemens 477, 478, 483, 487, 492
Rhyacophila coclearis 482, 491
Rhyacophila crassa 487, 489
Rhyacophila curtior 482, 490
Rhyacophila diffidens 488, 497
Rhyacophila flinti 476, 482, 490
Rhyacophila formosana 484, 493
Rhyacophila hokkaidensis 447, 476, 477, 481, 490
Rhyacophila impar 478, 479, 486, 488, 495
Rhyacophila itoi 477-479, 485, 493
Rhyacophila kardakoffi 480, 483, 487, 494
Rhyacophila kawamurae 478, 479, 484, 492
Rhyacophila kawaraboensis 483, 492
Rhyacophila kisoensis 480, 483, 487, 495
Rhyacophila kohnoae 480, 485, 488, 496
Rhyacophila kuramana 480, 484, 488, 496
Rhyacophila kuwayamai 477-479, 481, 484, 492
Rhyacophila lambakanta 482, 491
Rhyacophila lezeyi 447, 476, 477, 481, 490
Rhyacophila makiensis 487, 489
Rhyacophila mayaensis 487
Rhyacophila minoyamaensis 488, 497
Rhyacophila mirabilis 477-479, 486, 489, 494
Rhyacophila motakanta 482, 491
Rhyacophila nagaokaensis 480, 485, 488, 496
Rhyacophila nakagawai 478, 479, 485, 494
Rhyacophila nigrocephala 477, 478, 484, 493
Rhyacophila nipponica 446, 478, 479, 484, 493
Rhyacophila niwae 485, 493
Rhyacophila orthakanta 482, 491
Rhyacophila pacata 485, 494
Rhyacophila retracta 476, 477, 481, 482, 491
Rhyacophila satoi 483, 492
Rhyacophila shekigawana 488, 497

Rhyacophila shikotsuensis　478, 479, 484, 492
Rhyacophila sp.　478, 480, 483, 485
Rhyacophila sp. RB　476, 477
Rhyacophila sp. RC　476
Rhyacophila sp. RL　485
Rhyacophila sp. RM　478, 479
Rhyacophila sp. X-1　485
Rhyacophila sp. X-2　485
Rhyacophila towadensis　476, 477, 481, 490
Rhyacophila transquilla　447, 477, 480, 481, 483, 487, 494
Rhyacophila tsusimaensis　489, 496
Rhyacophila ulmeri　480, 484, 488, 496
Rhyacophila verecunda　485, 494
Rhyacophila yamanakensis　446, 476, 477, 481, 482, 490
Rhyacophila yoshinensis　482, 491
Rhyacophila yosiiana　476, 477, 483, 492
Rhyacophila yukii　487, 495
Rhyacophilidae　456, 458, 461, 462, 466, 468, 471, 474
Rhyothemis　218, 242
Rhyothemis fuliginosa　242
Rhyothemis phyllis phyllis　243
Rhyothemis severini　243
Rhyothemis variegata imperatrix　219, 242, 243, 265
Rivulophilus　616
Rivulophilus sakaii　448, 616, 621-623, 626
Robackia　1413, 1437
Robackia pilicauda　1415, 1439
Roederiodes　1484, 1540, 1549, 1552, 1554
Roederiodes japonica　1487, 1537, 1539, 1540
Roederiodes wirthi　1552

S

Sabethini　1044, 1087
Sacodes　762
Sacodes dux　763
Sacodes nakanei　763
Sacodes protecta　763
Saetheria　1412, 1437
Saetheria tylus　1415
Saetheromyia　1318, 1343, 1344
Saetheromyia tedoriprima　1318, 1344
Salda kiritshenkoi　410, 412, 414
Salda littoralis　410, 412, 414
Salda morio　410, 412, 414
Salda sahlbergi　410, 412, 414
Saldidae　331, 333, 409, 412, 413, 415
Saldini　414
Saldoida armata　409, 413, 417
Saldoidini　416
Saldula　331
Saldula kurentzovi　411, 413, 415, 417
Saldula nobilis　410, 413, 417
Saldula opacula　411, 413, 415, 417
Saldula pallipes　411, 413, 415, 418
Saldula palustris　411, 413, 415, 418
Saldula pilosella　411
Saldula pilosella pilosella　413, 415, 418
Saldula recticollis　411, 413, 415, 418
Saldula saltatoria　411, 413, 415, 418
Saldula taiwanensis　411, 413, 415, 419
Salduncula decempunctata　409, 411, 412

Saldunculini　411
Sarasaeschna　183
Sarasaeschna kunigamiensis　185
Sarasaeschna pryeri　185, 251
Sasacricotopus　1373
Sasacricotopus jintusecundus　1372
Sasayusurika　1354, 1361
Satonius　741
Satonius kurosawai　741
Savtshenkia　856
Scathophagidae　796, 1653
Schinostethus　766
Schummelia　854
Sciomizini　1612
Sciomyzidae　794, 1611
Scirtes　763
Scirtes japonicus　763
Scirtidae　742, 744, 762, 763
Scleroprocta　809, 823, 827
Scleroprocta cinctifera　823
Scopura　308
Scopura montana　308
Scopuridae　274, 276, 308
Semblis　587, 589
Semblis melaleuca　448, 586-588
Semblis phalaenoides　587
Semiocladius　1369, 1391
Semiocladius endocladiae　1370
Semiocladius sp.　1393, 1401
Sepedon　1613, 1614, 1626
Sepedon aenescens　1627, 1635-1637
Sepedon noteoi　1627, 1633
Sepedon sp.　1627
Sergentia　1408, 1435
Sergentia kizakiensis　1410, 1438
Sericostomatidae　458, 460, 465, 470, 667, 668
Setodes　647-650
Setodes argentatus　647, 652, 656
Setodes hinumaensis　647, 656
Setodes minutus　647, 656
Setodes shirasensis　647, 656
Setodes ujiensis　647, 656
Setodini　647
Shangomyia　1409
Shangomyia impectinata　1410, 1414
Shaogomphus　195, 197
Shaogomphus postocularis　194, 197, 255
Sialidae　429, 430, 433
Sialis　429, 430
Sialis bifida　432
Sialis japonica　431, 433
Sialis jezoensis　430, 433
Sialis kumejimae　431, 433
Sialis kuwayamai　430
Sialis kyushuensis　432
Sialis longidens　431, 433
Sialis melania　431, 432, 433
Sialis sibirica　431, 433
Sialis sinensis　432, 433
Sialis tohokuensis　432
Sialis toyamaensis　432

Sialis yamatoensis 431, 433
Sibirica group 478, 487, 488, 494
Sibirica group-1 480
Sibirica group-sp. 1 483
Sibirica group-sp. 2 483
Sieboldius 193, 205
Sieboldius albardae 205, 254
Sigara 352, 354, 356, 358
Sigara assimilis 344, 350, 354, 356
Sigara bellula 344, 345, 350, 354, 356
Sigara distorta 344, 350, 352, 354, 356
Sigara falleni 344, 350, 354, 356
Sigara formosana 345, 349, 354, 356
Sigara lateralis 344, 350, 354, 356
Sigara maikoensis 345, 350, 354, 358
Sigara matsumurai 344, 345, 349, 354, 356
Sigara nigroventralis 344, 345, 350, 352, 354, 356, 358
Sigara (Pseudovermicorixa) matsumurai 351
Sigara (Pseudovermicorixa) septemlineata 351
Sigara septemlineata 344, 345, 349, 352, 354, 356, 358
Sigara (Sigara) assimilis 351
Sigara (Subsigara) falleni 357
Sigara substriata 345, 350, 354, 356, 358
Sigara toyohirae 344, 352
Sigara (Tropocorixa) bellula 357
Sigara (Tropocorixa) distorta 357
Sigara (Tropocorixa) formosana 357
Sigara (Tropocorixa) maikoensis 357
Sigara (Tropocorixa) nigroventralis 358
Sigara (Tropocorixa) substriata 358
Sigara (Tropocorixa?) toyohirae 359
Sigara (Vermicorixa) lateralis 359
Silvius 1467, 1471, 1478
Silvius formosensis 1467, 1469, 1471
Silvius matsumurai 1467, 1469, 1471, 1473, 1477
Silvius shirakii 1471
Simuliidae 794, 1279
Simuliinae 1303
Simuliini 1280, 1299
Simulium 1289, 1291, 1292
Simulium (Boophthora) yonagoense 1290, 1292, 1294, 1302
Simulium (Gnus) batoense 1302
Simulium (Gnus) daisense 1290, 1291, 1294, 1302
Simulium (Gnus) kisoense 1301, 1302
Simulium (Gnus) nacojapi 1290, 1292, 1294, 1301, 1302
Simulium (Gomphostilbia) batoense 1302
Simulium (Morops) 1289
Simulium (Morops) yonakuniense 1291, 1294
Simulium (Odagmia) bidentatum 1290, 1292, 1294, 1301, 1302
Simulium (Odagmia) iwatense 1290, 1292, 1294
Simulium (Odagmia) oitanum 1290, 1294
Simulium (Simulium) arakawae 1290, 1292, 1295, 1296, 1301
Simulium (Simulium) arakawae-complex 1290, 1294, 1295
Simulium (Simulium) japonicum 1290, 1292, 1294, 1300
Simulium (Simulium) kawamurae 1302
Simulium (Simulium) nikkoense 1290, 1292, 1294, 1301, 1302

Simulium (Simulium) nipponese 1295, 1296
Simulium (Simulium) oitanum 1292
Simulium (Simulium) quinquestriatum 1290, 1291, 1293, 1302
Simulium (Simulium) rufibasis 1302
Simulium (Simulium) suzukii 1290, 1292, 1294
Simulium (Simulium) tobetsuense 1295, 1296
Simulium (Wilhelmia) takahasii 1290, 1291, 1294, 1302
Sinacroneuria 325
Sinensis group 1040
Sinictinogomphus 193, 206
Sinictinogomphus clavatus 206, 254
Sinogomphus 195, 204
Sinogomphus flavolimbatus 194, 204, 257
Sinonychus 773, 777
Sinonychus satoi 777
Sinonychus tsujunensis 777
Sinotipula 854
Siphlonuridae 41, 57, 59, 114-116
Siphlonurus 114-116
Siphlonurus (Siphlonurus) binotatus 41, 52, 114-116
Siphlonurus (Siphlonurus) sanukensis 41, 114-116
Siphlonurus (Siphlonurus) yoshinoensis 41, 114-116
Siphlonurus (Siphlonurus) zhelochovtsevi 114
Sisyra nikkoana 437, 438
Sisyridae 437, 438
Skwala 280, 284, 287, 325
Skwala natorii 285
Skwala pusilla 285, 286
Smittia 1371, 1392
Smittia aterrima 1372
Smittia pratora 1393, 1401, 1404
Smittia yakyquerea 1369
Somatochlora 212, 214
Somatochlora alpestris 212, 214-216
Somatochlora arctica 214, 215
Somatochlora clavata 214, 215, 217, 258
Somatochlora exuberata japonica 214-216
Somatochlora graeseri 214
Somatochlora graeseri aureola 214-216
Somatochlora graeseri graeseri 182, 214, 216
Somatochlora uchidai 214-216
Somatochlora viridiaenea 214-216
Sopkalia 287
Sopkalia yamadae 275, 278, 280, 282, 283, 285
Speovelia maritima 371, 372, 374
Sphaeridiinae 751, 753
Spilosmylus flavicornis 440, 441
Spilosmylus kruegeri 440, 441
Spilosmylus nipponensis 440, 441
Spilosmylus tuberculatus 440, 441
Stactobia 503, 507, 510
Stactobia campire 503, 508, 510
Stactobia chichibu 503, 508, 510
Stactobia distinguenda 508, 510
Stactobia gunma 507, 510
Stactobia hattorii 507, 510
Stactobia inexpectata 503, 507, 510
Stactobia japonica 503, 507, 510
Stactobia kanagawa 507, 510
Stactobia makartschenkoi 503, 504, 507, 510

1693

Stactobia nishimotoi 508, 510
Stactobia semele 508, 510
Stactobia urauchi 508, 510
Stactobia yona 508, 510
Stactobiella 508, 511
Stactobiella tshistjakovi 504, 508, 511
Stavsolus 280, 284, 290, 325
Stavsolus sp. 277, 278, 283, 285, 286
(*Stegomyia*) 1061, 1066, 1075
Stegopterna 1291, 1292
Stegopterna (*Hellichiella*) sp. 1299, 1304
Stegopterna mutata 1288, 1291, 1293, 1302
Stegopterna (*Stegopterna*) sp. 1304
Stempellinella 1425, 1441
Stempellinella coronata 1424
Stempellinella minor 1424
Stempellinella sp. 1428, 1439
Stenelmis 771, 773, 774
Stenelmis hisamatsui 769
Stenochironomus 1422, 1426
Stenochironomus nubilipennis 1411, 1419
Stenochironomus sp. 1410, 1429
Stenophylacini 616
Stenopsyche 444, 462, 466, 468, 471, 525
Stenopsyche marmorata 525–528
Stenopsyche pallens 525, 527, 528
Stenopsyche sauteri 525–528
Stenopsyche schmidi 525, 526, 528
Stenopsychidae 456, 458, 462, 466, 468, 471, 525–527
Sternolophus 752, 758, 759
Sternolophus inconsphicuus 759
Sternolophus rufipes 759
Stictochironomus 1422, 1434
Stictochironomus akizukii 1411, 1428, 1429, 1433
Stictochironomus kondoi 1419, 1422
Stictochironomus pictulus 1419
Stilocladius 1373, 1399
Stilocladius clinopecten 1396
Stilocladius kurobekeyakius 1369, 1372
Stitochironomus akizukii 1438
Stonemyia 1466, 1471, 1478
Stonemyia yezoensis 1467, 1469, 1471, 1473
Stratiomyidae 794
Stratiomyinae 1447
Stratiomys 1447, 1452
Stratiomys chamaeleon 1450, 1451
Stratiomys japonica 1448
Stratiomys longicornis 1451
Stratiomys ornata 1450
Stratiomys potamida 1449
Strophopteryx 309, 311
Strophopteryx nohirae 310
Strophopteryx sp. 310
Stylogomphus 195, 203
Stylogomphus ryukyuanus 203
Stylogomphus ryukyuanus asatoi 194, 203, 204, 256
Stylogomphus ryukyuanus ryukyuanus 203, 204
Stylogomphus shirozui watanabei 203, 204
Stylogomphus suzukii 203, 204
Stylurus 193, 195
Stylurus annulatus 196, 197
Stylurus nagoyanus 194, 196, 197, 254
Stylurus oculatus 195–197
Styringomyia 821
Suragina 1457
Suragina satsumana 1456–1460
Suragina uruma 1461
Suragina yaeyamana 1458, 1461
Suwallia 304, 306
Suwallia sp. 307
Suwallini 304, 306
Sweltsa 304, 306
Sweltsa abdominalis 307
Sweltsa sp. 277, 278, 305, 307
sychomyia sp. 472
Sycorax 935
Symbiocladius 1382, 1391
Symbiocladius equitans 1401
Symbiocladius rhithrogenae 1383
Sympecma 161, 165
Sympecma paedisca 163, 165, 247
Sympetrum 222, 233
Sympetrum baccha matutinum 232, 236, 239
Sympetrum cordulegaster 238
Sympetrum croceolum 235, 236, 239
Sympetrum danae 232, 233, 238
Sympetrum darwinianum 234, 236, 237
Sympetrum depressiuscula 237
Sympetrum eroticum eroticum 233, 234, 238
Sympetrum flaveolum 233
Sympetrum flaveolum flaveolum 232, 238
Sympetrum fonsocolombei 238
Sympetrum frequens 221, 234, 236, 237, 263
Sympetrum gracile 235, 236, 239
Sympetrum infuscatum 235, 236, 239
Sympetrum kunckeli 232–234, 238
Sympetrum maculatum 235, 236, 239
Sympetrum parvulum 233, 234, 238
Sympetrum pedemontanum elatum 233, 234, 237
Sympetrum risi 236
Sympetrum risi risi 234, 236, 238
Sympetrum risi yosico 236, 239
Sympetrum speciosum speciosum 232, 233, 239
Sympetrum striolatum imitoides 232–234, 237
Sympetrum uniforme 235, 236, 240
Sympetrum vulgatum imitans 237
Symplecta 824
Sympotthastia 1355, 1361, 1362
Sympotthastia takatensis 1313, 1316, 1354, 1355, 1362
Sympycnus 1559
Syndiamesa 1355, 1361, 1363
Syndiamesa kashimae 1355, 1363
Synendotendipes 1422, 1431
Synendotendipes lepidus 1419
Synendotendipes luski 1438
Synorthocladius 1387, 1399
Synorthocladius semivirens 1386
Synorthocladius sp. 1396
Syntormon 1559, 1560
Syrphidae 794, 1595
Systenus 1560

T

Tabanidae 794, 1463
Tabanus 1468, 1474, 1478
Tabanus administrans 1470, 1471, 1476
Tabanus chrysurinus 1475, 1476
Tabanus chrysurus 1470, 1471, 1474, 1475, 1477
Tabanus katoi 1470, 1471, 1476
Tabanus kinoshitai 1468, 1470, 1474, 1475
Tabanus matsumotoensis 1474
Tabanus miyajima 1470, 1471, 1476
Tabanus monomiensis 1474
Tabanus nipponicus 1471, 1476
Tabanus pallidiventris 1470, 1471, 1476
Tabanus rufidens 1468, 1474, 1475
Tabanus sapporoensis 1470, 1471, 1474, 1475
Tabanus taiwanus 1476
Tabanus takasagoensis 1470, 1471, 1476
Tabanus toshiokai 1468, 1470, 1474, 1475
Tabanus trigeminus 1470, 1471, 1475-1477
Tabanus trigonus 1468, 1470, 1474, 1475
Tachytrechus 1558, 1560
Tadamus 280, 284, 290
Tadamus sp. 283, 285, 286
Taenionema 311
Taenionema japonicum 309, 310
Taeniopterygidae 274, 276, 309
Taiwanomyia 814
Takagripopteryx 318, 320
Takagripopteryx imamurai 319
Takagripopteryx jezoensis 317, 319
Takagripopteryx nigra 319
Tanyderidae 792, 939
Tanypodinae 1309, 1317-1323
Tanyptera 846
Tanypteryx 182
Tanypteryx pryeri 181, 182, 251
Tanypus 1318, 1343, 1345
Tanypus (*Apelopia*) sp. 1345
Tanypus (*Tanypus*) *formosanus* 1317, 1318, 1345
Tanypus (*Tanypus*) *nakazatoi* 1345
Tanysphyrus 779
Tanytarsini 1408, 1426
Tanytarsus 1425, 1440
Tanytarsus brundini 1424
Tanytarsus excavatus 1424
Tanytarsus oyamai 1424
Tanytarsus sp. 1439
Tasiocera 823
Tasiocerodes 825
Tavastia 1371
Tavastia cristacauda 1372
Teleganopsis 74, 86, 87
Teleganopsis chinoi 39, 86-88
Teleganopsis punctisetae 39, 86-88
Telmatogeton 1350
Telmatogetoninae 1309, 1316, 1350
Telmatogeton japonicus 1311, 1316, 1350
Telmatoscopus 935, 938
Telmatoscopus albipunctatus 938
Telmatoscopus kii 937
Telmatoscopus (*Neotelmatoscopus*) *kii* 938
Teloleuca kusnezowi 410, 412, 414
Tenuibaetis 92, 93, 106, 110
Tenuibaetis flexifemora 106, 110, 111
Tenuibaetis parvipterus 106, 110, 111
Tenuibaetis pseudofrequentus 106, 110, 111
Tetanocera 1613, 1628
Tetanocera arrogans 1614, 1615, 1628, 1629, 1634, 1635, 1638
Tetanocera chosenica 1628, 1629, 1634
Tetanocera elata 1614, 1615, 1628, 1629, 1634, 1638
Tetanocera ferruginea 1614, 1615, 1628-1630, 1638
Tetanocera phyllophora 1628, 1630, 1634, 1635
Tetanocera plebeja 1628-1630
Tetanocerini 1612
Tetanura 1612-1614, 1620
Tetanura pallidiventris 1620, 1631, 1636
Tethina 1644, 1645, 1651
Tethina orientalis 1650, 1652
Tethina saigusai 1645, 1651, 1652
Tethina sasakawai 1652
Tethina thula 1650, 1652
Teuchogonomyia 827
Teucholabis 821
Teuchophorus 1559
Thalassophorus 1486, 1547
Thalassophorus spinipennis 1487, 1546, 1547
Thalassosmittia 1371, 1391
Thalassosmittia clavicornis 1401
Thalassosmittia marina 1394
Thalassosmittia nemalone 1396
Thaumaleidae 794, 1271
Thienemanniella 1368, 1392
Thienemanniella lutea 1368
Thienemanniella sp. 1393
Thienemannimyia 1323, 1343, 1346
Thienemannimyia (*Hayesomyia*) *tripunctata* 1346
Thinophilus 1559
Tholymis 218, 241
Tholymis tillarga 219, 220, 241, 264
Thraulus 59, 63
Thraulus fatuus 49, 63
Thraulus grandis 31, 61-63
Thraulus macilentus 63
Thraulus sp. 61
Tinodes 468, 546-548
Tinodes aoensis 546
Tinodes ashigaranis 546
Tinodes higashiyamanus 546, 550
Tinodes miyakonis 546, 549, 550
Tinodes sauteri 546
Tinodinae 546
Tipula 849, 853, 854, 856
Tipula (*Acutipula*) *bubo* 845, 856
Tipula (*Acutipula*) *maxima* 855
Tipula (*Arctotipula*) *hirticula* 845, 856
Tipula (*Arctotipula*) *sacra* 855
Tipula (*Nippotipula*) *abdominalis* 855
Tipula (*Nippotipula*) *coquilletti* 845, 856
Tipula (*Nippotipula*) sp. 845, 847
Tipula (*Platytipula*) *spenceriana* 855

Tipula (*Savtshenkia*) *cheethami*　855
Tipula (*Schummelia*) *variicornis*　855
Tipula (*Sinotipula*) *commiscibilis*　855
Tipula (*Tipula*) *paludosa*　855
Tipula (*Yamatotipula*) *aino*　845, 856
Tipula (*Yamatotipula*) *nova*　845, 847, 848, 857
Tipula (*Yamatotipula*) *pruinosa*　855
Tipulidae　792, 843-845
Tipulodina　849, 850
Tipulodina joana　844, 850
Tipulodina nettingi　851
Tipulodina nipponica　850
Togoperla　295, 296, 300, 326
Togoperla limbata　294, 302, 303
Tokunagaia　1384, 1385, 1400
Tokunagaia kamicedea　1386
Tokunagaia sp.　1397, 1404
Tokunagaia togauvea　1386
Tokunagaia tonollii　1386
Tokyobrillia　1376
Tokyobrillia tamamegaseta　1377
Topomyia　1088
Topomyia (*Suaymyia*) *yanbarensis*　1087, 1088, 1218, 1219
Torleya　74, 87
Torleya japonica　39, 86, 87
Torleya nepalica　86, 87
Torridincolidae　741
Toxorhynchites　1089
Toxorhynchites (*Toxorhynchites*) *christophi*　1222
Toxorhynchites (*Toxorhynchites*) *manicatus*　1089
Toxorhynchites (*Toxorhynchites*) *manicatus yaeyamae*　1089
Toxorhynchites (*Toxorhynchites*) *manicatus yamadai*　1089, 1222
Toxorhynchites (*Toxorhynchites*) *okinawensis*　1089, 1090
Toxorhynchites (*Toxorhynchites*) *towadensis*　1028, 1089, 1222-1224
Toxorhynchitini　1043, 1088
Tramea　222, 243
Tramea basilaris burmeisteri　244
Tramea loewii　244
Tramea transmarina　243
Tramea transmarina euryale　244
Tramea transmarina yayeyamana　244
Tramea virginia　221, 243, 244, 265
Trentepohlia　829
Triaenodes　645, 648-650
Triaenodes niwai　645
Triaenodes pellectus　645, 651, 655
Triaenodes qinglingensis　645, 655
Triaenodes unanimis　645, 655
Triaenodini　645
Trichoclcinocera dasyscutellum　1536
Trichoclinocera　1484, 1520, 1522-1534, 1549, 1552, 1555
Trichoclinocera dasyscutellum　1521, 1522, 1524, 1531
Trichoclinocera fuscipennis　1523-1525, 1527, 1528, 1531, 1532
Trichoclinocera gracilis　1522-1525, 1528, 1532
Trichoclinocera grandis　1521, 1522, 1524, 1525, 1529, 1532
Trichoclinocera miranda　1522-1524, 1526, 1529, 1530, 1532
Trichoclinocera setigera　1523, 1524, 1526, 1530, 1533, 1535
Trichoclinocera shinogii　1522-1524, 1526, 1530, 1533, 1535
Trichoclinocera sp.　1552
Trichoclinocera spp.　1523-1534
Trichoclinocera stigmatica　1522-1524, 1527, 1531, 1533-1535
Trichoclinocera takagii　1522-1524, 1527, 1531, 1533, 1534, 1536
Trichoptera　449
Trichosetodes　647-649
Trichosetodes japonicus　650, 652, 656
Trichosmittia　1388
Trichosmittia hikosana　1389
Trichothaumalea　1275
Trichothaumalea japonica　1271-1274
Trichotipula　854
Tricyphona　800, 801, 804
Tricyphona inconstans　805
Tricyphona sp.　803
Trigomphus　195, 201
Trigomphus citimus tabei　201, 202
Trigomphus interruptus　194, 201, 202
Trigomphus melampus　201, 202, 256
Trigomphus ogumai　201-203
Triogma　842
Triogma kuwanai　840-842
Triogma trisulcata　841
Triplectides　643, 648, 649
Triplectides misakianus　643, 650, 651, 653
Triplectidinae　643, 648
Triplectidini　643
Tripteroides　1087
Tripteroides (*Tripteroides*) *bambusa*　1087
Tripteroides (*Tripteroides*) *bambusa bambusa*　1087, 1216, 1217
Tripteroides (*Tripteroides*) *bambusa yaeyamensis*　1087, 1217
Trissopelopia　1322, 1343, 1346
Trissopelopia longimana　1316, 1320-1322, 1346
Trithemis　222, 240
Trithemis aurora　221, 222, 240, 264
Tsudaea　590, 597
Tsudaea kitayamana　590, 591, 593, 595
Tsudayusurika　1387
Tsudayusurika fudosecunda　1386
Tvetenia　1385, 1405
Tvetenia calvescens　1386, 1403
Tvetenia sp.　1394
Tvetenia tamaflava　1311

U

Uenoa　464, 473, 634
Uenoa tokunagai　634-636
Uenoidae　457, 459, 464, 470, 473, 634, 636
Ugandatrichia　503, 508, 511
Ugandatrichia nakijinensis　503, 504, 508, 511
Ugandatrichia shinshiroensis　503, 508, 511
Ugandatrichia taiwanensis　508, 511

Ula 800
Ulinae 800
Ulmeri group 484, 487, 488, 496
Ulomorpha 811, 814, 819
Ulomorpha nigricolor 813, 815, 819, 820
Ulomorpha pilocella 817
Ulomorpha polytricha 819
Uranotaenia 1084
(*Uranotaenia*) 1084, 1086
Uranotaenia (*Pseudoficalbia*) *jacksoni* 1085, 1206
Uranotaenia (*Pseudoficalbia*) *nivipleura* 1084, 1086, 1211
Uranotaenia (*Pseudoficalbia*) *novobscura* 1084, 1085
Uranotaenia (*Pseudoficalbia*) *novobscura novobscura* 1085, 1209, 1210
Uranotaenia (*Pseudoficalbia*) *novobscura ryukyuana* 1085, 1210
Uranotaenia (*Pseudoficalbia*) *ohamai* 1084, 1085, 1207
Uranotaenia (*Pseudoficalbia*) *yaeyamana* 1085, 1208
Uranotaenia (*Uranotaenia*) *annandalei* 1086, 1212
Uranotaenia (*Uranotaenia*) *lateralis* 1086, 1213
Uranotaenia (*Uranotaenia*) *macfarlanei* 1086, 1214, 1215
Uranotaeniini 1043, 1083
Urumaelmis 774, 777
Urumaelmis uenoi 769, 777

V

Vagrita group 494
Veliidae 333, 380, 385-392
(*Verrallina*) 1061, 1066, 1082
Vestiplex 856
Virgatanytarsus 1425, 1440
Virgatanytarsus arduennensis 1424

W

Wiedemannia 1484, 1519, 1549, 1552, 1554
Wiedemannia bistigma 1552
Wiedemannia lata 1552
Wiedemannia ouedorum 1552
Wiedemannia simplex 1486, 1520, 1521
Wiedemannia sp. 1552
Wiedemannia zetterstedti 1552
Wormaldia 462, 538-543
Wormaldia amamiensis 541, 542
Wormaldia apophysis 540, 541
Wormaldia carinata 539, 540
Wormaldia fujinoensis 539, 540
Wormaldia ishigakiensis 541, 542
Wormaldia itoae 539, 540
Wormaldia kadowakii 539, 540
Wormaldia kisoensis 541, 542
Wormaldia nabewarina 539, 540
Wormaldia niiensis 541, 542
Wormaldia okinawaensis 540, 541

Wormaldia rara 530, 541, 542
Wormaldia sp. 1 539
Wormaldia sp. 2 539
Wormaldia sp. 3 539
Wormaldia sp. 4 539
Wormaldia tectum 540, 541
Wormaldia uonumana 539, 541, 542
Wormaldia yakuensis 539, 541, 542

X

Xanthocanace 1644-1646
Xanthocanace pollinosa 1646, 1647
Xanthoneuria 325
Xenochironomus 1416, 1427
Xenochironomus xenolabis 1418, 1433
Xenocorixa vittipennis 343, 349, 353, 355, 359
Xiphocentronidae 457, 459, 468, 472, 552
Xiphovelia boninensis 380, 384, 390
Xiphovelia curvifemur 380, 390, 391
Xiphovelia japonica 380, 390, 391
Xylotopus 1376, 1406
Xylotopus amamiapiatus 1377
Xylotopus par 1393

Y

Yaeprimus 1421, 1435
Yaeprimus isigaabeus 1419
Yamatotipula 854
Yoraperla 280
Yoraperla uenoi 279, 281
Yosiiana group 483, 489, 491

Z

Zaitzevia 771, 774, 776
Zaitzevia aritai 769
Zaitzevia rufa 777
Zaitzeviaria 772, 774, 777
Zavreliella 1421, 1427
Zavreliella marmorata 1410, 1411, 1419, 1438
Zavrelimyia 1321, 1347-1349
Zavrelimyia (*Paramerina*) *okigenga* 1312, 1320, 1349
Zavrelimyia (*Paramerina*) *okimaculata* 1349
Zavrelimyia (*Paramerina*) *togavicea* 1348
Zavrelimyia (*Paramerina*) *yunouresia* 1349
Zavrelimyia (*Zavrelimyia*) *monticola* 1320, 1321, 1348
Zephyropsyche 604, 612
Zephyropsyche monticola 605, 612
Zephyropsyche odamiyamensis 605, 612
Zygoptera 152, 153
Zyxomma 218, 241
Zyxomma obtusum 241, 242
Zyxomma petiolatum 220, 241, 242, 264

和名索引

あ

アイズクサカワゲラ　283, 291, 292
アイヌユスリカ　1414
アオイトトンボ　162, 163
アオイトトンボ科　152, 155, 161
アオイトトンボ属　161, 162
アオキツメトゲブユ　1290, 1292, 1294
アオコアブ　1467, 1474, 1475
アオサナエ　196, 205, 255
アオサナエ属　195, 205
アオナガイトトンボ　171, 172, 249
アオハダトンボ　154-156
アオハダトンボ属　155
アオバフタバカゲロウ　107
アオヒゲナガトビケラ　648, 652, 656
アオヒゲナガトビケラ属　464, 647-650
アオヒゲナガトビケラ族　647
アオビタイトンボ　219, 221, 230, 262
アオビタイトンボ属　222, 229
アオホソクダトビケラ　546
アオモンイトトンボ　169, 174, 175, 249
アオモンイトトンボ属　170, 174
アオヤンマ　187, 253
アオヤンマ属　183, 187
アカアブ　1470, 1471, 1474, 1475
アカイエカ　1050-1052, 1120, 1122, 1123, 1227
アカウシアブ　1470, 1471, 1474, 1475, 1477
アカエゾヤブカ　1065, 1081, 1197, 1199, 1267
アカギマルツツトビケラ　592, 593, 595, 596
アカクシヒゲカ　1057, 1058, 1146
アカクラアシマダラブユ　1302
アカスジベッコウトンボ　231
アカダルマガムシ　746
アカツキシロカゲロウ　34, 49, 66, 67
アカツノフサカ　1056, 1057, 1141
アカツヤドロムシ　777
アカナガイトトンボ　154, 169, 171, 172
アカネ属　222, 233
アカハラアシナガミゾドロムシ　769
アカフトオヤブカ　1065, 1082, 1083, 1202, 1203, 1269
アカマダラカゲロウ　39, 86-88
アカマダラカゲロウ属　74, 86-88
アカムシユスリカ　1383, 1396, 1402
アカムシユスリカ属　1382, 1395
アカメイトトンボ　169, 179, 250
アカメイトトンボ属　170, 179
アカメコカゲロウ　95
アカモンフタバカゲロウ　107
アカンヤブカ　1065, 1068, 1156, 1157, 1236, 1237
アキアカネ　221, 234, 236, 237, 263
アキズキユスリカ　1411, 1428, 1429, 1433, 1438
アキタヤマトビケラ　515, 518, 519
アキノナミアミカ　891, 894, 896
アグラユスリカ　1386
アグラユスリカ属　1384
アケボノオドリバエ亜科　1509, 1552

アケボノオドリバエ属　1484, 1509-1512, 1549, 1552
アケボノシブキバエ属　1484, 1515-1518
アサカワオナシカワゲラ　314
アサカワヒメカワゲラ属　282, 284, 292
アサカワヒメカワゲラ属の1種　283, 288, 289
アサトカラスヤンマ　207
アサヒナカワトンボ　157
アサヒナクロスジヘビトンボ　432
アサヒナコマルガムシ　756
アサヒナコマルガムシ属　753
アサヒナコミズムシ　345, 350, 354, 356-358
アジアアカトンボ　223
アジアアカトンボ属　223
アジアイトトンボ　174, 175
アジアクサツミトビケラ　646, 655
アジアコケヒメトビケラ　507, 511
アジアサナエ属　195, 198
アジアシブキバエ　1487, 1537, 1538
アジアシブキバエ属　1484, 1536
アジアヒメトビケラ　501, 505
アシエダトビケラ　661
アシエダトビケラ科　457, 460, 465, 470, 473, 661, 663, 664
アシエダトビケラ属　661, 664
アシガラクダトビケラ　546
アシグロヒメタニガワカゲロウ　124, 125, 132
アシナガドロムシ属　771
アシナガバエ科　794, 1557
アシナガミギワカメムシ科　419
アシナガミゾドロムシ属　773, 774
アシブトイソベバエ　1649, 1651
アシブトカタビロアメンボ　380, 382, 385
アシブトカタビロアメンボ亜科　382, 385
アシブトハナアブ　1600, 1602, 1605
アシブトメミズムシ　360, 361
アシブトメミズムシ科　333, 359, 361
アシボソヒメフタマタアミカ　876, 877, 886, 888, 917, 919, 921
アシマガリダルマガムシ　746
アシマダラヌカ　1048, 1116, 1117
アシマダラヌカ亜属　1047, 1048
アシマダラブユ　1290, 1292, 1294, 1300
アシマダラブユ属　1289, 1291, 1292, 1302
アシマダラブユ族　1280, 1299
アシマダラユスリカ　1419
アシマダラユスリカ属　1422, 1434
アシワガガンボ属　849, 850
アズマナガレトビケラ　478, 479, 486, 488, 495
アタゴコカゲロウ　94, 95
アッケシヤブカ　1065, 1068, 1069, 1164, 1236, 1240
アツバエグリトビケラ　443
アツバエグリトビケラ属　444, 464, 470, 634, 635
アトホシヒラタマメゲンゴロウ　732, 737
アナトゲクサツミトビケラ　646, 655
アナバネコップゲンゴロウ　716, 717
アブ科　794, 1463, 1465, 1466, 1469, 1470, 1473, 1475-1477
アブ属　1468, 1474, 1478
アマギカクツツトビケラ　604, 611

索　引

アマゴイルリトンボ　154, 165-167, 248
アマミアメンボ　394, 396, 399, 402
アマミオヨギカタビロアメンボ　380, 390, 391
アマミカクツツトビケラ　602, 609
アマミクロアブ　1474, 1475
アマミコチビミズムシ　341, 342, 347
アマミサナエ　196, 198, 199
アマミシジミガムシ　756
アマミセスジダルマガムシ　747
アマミダンダラヒメユスリカ　1325, 1326
アマミチビゲンゴロウ　725
アマミトゲオトンボ　161
アマミトラフユスリカ　1334
アマミニンギョウトビケラ　637, 639-641
アマミハバビロドロムシ　772
アマミヒメクダトビケラ　545, 551
アマミヒメタニガワトビケラ　541, 542
アマミヘビトンボ　434, 435, 436
アマミマルケシゲンゴロウ　726
アマミマルヒラタドロムシ　766
アマミミゾドロムシ　769
アマミムナゲカ　1060, 1153
アマミモンヘビトンボ　434, 435
アマミヤブカ　1064, 1072, 1242
アマミヤンマ　186, 187
アマミヨコミゾドロムシ　774
アマミルリモントンボ　167, 168, 248
アミカ科　792, 859, 861, 862, 865, 907, 909
アミカモドキ科　792
アミメカゲロウ目　437
アミメカワゲラ亜科　284-286, 288, 289
アミメカワゲラ科　274-278, 280, 282, 283, 285, 286, 288, 289, 291, 292, 325
アミメカワゲラ属　290
アミメカワゲラ族　282, 284, 287, 290
アミメカワゲラ族の1種　283, 288, 289
アミメカワゲラモドキ属　290
アミメカワゲラモドキ族　290
アミメシマトビケラ　445, 567, 569, 570
　　ADアミメシマトビケラ　569
　　AEアミメシマトビケラ　569
アミメシマトビケラ亜科　456, 567, 569, 570
アミメシマトビケラ属　567, 568
アミメチビヒゲナガハナノミ属　766
アミメトビケラ　448, 585, 586, 588
アミメトビケラ属　585, 589
アムールアミメシマトビケラ　567, 569
アムールオオカ　1222
アムールヒゲナガトビケラ　644, 653
アメイロトンボ　219, 220, 241, 264
アメイロトンボ属　218, 241
アメフリフタバカゲロウ　107
アメリカカクスイトビケラ　591, 593-595
アメリカギンヤンマ　193
アメンボ　394, 396, 399, 402
アメンボ亜科　331, 396, 399-403
アメンボ科　331, 333, 392, 399-401, 405
アメンボ下目　371
アモンユスリカ亜属の1種　1345
アヤオビヒメガガンボ属　800, 801, 805
アヤスジミゾドロムシ　774

アヤスジミゾドロムシ属　771, 773, 774
アヤナミヒロバカゲロウ　440, 441
アヤベカクツツトビケラ　604, 611
アヤユスリカ属　1420, 1431
アヤユスリカ属の1種　1419, 1432
アラメケシゲンゴロウ　723
アリタツヤドロムシ　769
アルクトコノパ属　824
アルタイヤマトビケラ　515, 517, 518
アルプスケユキユスリカ　1359
アルプスケユスリカ　1354
アルプスコマドアミカ　868, 869, 871, 914, 915
アルプスニセヒメガガンボ　940-942
アルプスヒメアミカ　878
アルプスヤマユスリカ　1311, 1358
アレフィンナガレトビケラ　477, 480, 483, 487, 495
アンガスナガケシゲンゴロウ　720
アンピンチビゲンゴロウ　725

い

イイジマナガケシゲンゴロウ　721
イイジマルリボシヤンマ　184, 189, 190
イエカ亜属　1048, 1049, 1051
イエカ属　1048, 1049
イエバエ科　794, 796, 1657, 1658
イカリシマトビケラ　445, 573, 576, 579
イシエリユスリカ　1393, 1397
イシガキコマツモムシ　364-366, 368
イシガキスナッツトビケラ　601, 608
イシガキトビイロコカゲロウ　109, 110
イシガキヒメタニガワトビケラ　541, 542
イシガキヤンマ　185-187
イシガキユスリカ　1414, 1432, 1439
イシカリミドリカワゲラ　305, 307
イシカワコエグリトビケラ　629, 630
イシハラアブ　1472
イシワタマダラカゲロウ　38, 81, 82, 84, 85, 87
イズミコエグリトビケラ　628, 631, 632
イズミコエグリトビケラ属　631, 633
イズミニンギョウトビケラ　637, 639, 641
イズモコブセスジダルマガムシ　747
イセコブセスジダルマガムシ　747
イソネジレオバエ属　1486, 1547
イソベバエ亜科　1649
イソベバエ属　1644, 1645, 1651
イソユスリカ亜科　1309, 1311, 1316, 1350
イソユスリカ属　1350
イチタコシボソガガンボ　946, 947, 951, 952
イトアメンボ　375, 376
イトアメンボ科　334, 374-376
イトウオオミナモオドリバエ　1501, 1504
イトウスナッツトビケラ　601, 608
イトウナガレトビケラ　477-479, 485, 493
イトウヒメタニガワトビケラ　539, 540
イトウホソバトビケラ　658, 659
イトウマエキガガンボ　852
イトウミナモオドリバエ　1503
イトウミヤマトビケラ　618, 627
イトトンボ科　152, 153, 168
イナトミシオカ　1058, 1149
イネコミズメイガ　695, 698, 700, 702-704

イネゾウムシ　778
イネゾウムシ属　779
イネゾウモドキ属　779
イネミズゾウムシ　778
イネミズゾウムシ属　779
イネミズメイガ　698, 699, 702
イネミズメイガ属　697
イノプスヤマトビケラ　515, 517-519
イハマルヒラタドロムシ　766
イマニシタカワゲラ　310
イマニシマダラカゲロウ　38, 81, 82, 84, 85, 87
イマムラクロカワゲラ　319
イミャクオドリバエ亜属　1486, 1488, 1490-1495
イヤコマドアミカ　913, 914
イヨシロオビアブ　1467, 1469, 1474, 1475, 1477
イリオモテオトヒメトビケラ　506, 511
イリオモテカクツツトビケラ　604, 611
イリオモテケシカタビロアメンボ　381, 383, 386, 391
イリオモテコカゲロウ　95
イリオモテミナミヤンマ　206, 208
イロタニガワトビケラ　531, 533-535
イワコエグリトビケラ　628, 632
イワコエグリトビケラ属　632, 633
イワシミズホソカ群　1003, 1010, 1012, 1013
イワトビケラ科　457, 459, 463, 467, 469, 472, 560, 564-566
イワヒラタカゲロウ　126, 136, 141, 142
インドオナシカワゲラ属　311-313, 315
インドカクツツトビケラ　604, 611

う

ウイリアムニセミギワバエ　1646, 1648, 1649
ウェストントビイロカゲロウ　31, 60-63
ウエノカワゲラ　302
ウエノケシカタビロアメンボ　382, 383, 388, 391
ウエノコカゲロウ　95
ウエノチビケシゲンゴロウ　724, 727
ウエノツヤドロムシ　769, 777
ウエノツヤドロムシ属　774, 777
ウエノナガレトビケラ　476, 477, 481, 482, 491
ウエノヒラタカゲロウ　126, 134, 136, 141, 142
ウエノマルツツトビケラ　592-594, 596
ウオヌマタニガワトビケラ　539, 541, 542
ウシアブ　1468, 1470, 1474, 1475
ウジセトトビケラ　647, 656
ウスイロカユスリカ　1311-1313, 1318, 1342
ウスイロケシカタビロアメンボ　381, 383, 385
ウスイロコバントビケラ　661, 662
ウスイロシマゲンゴロウ　735
ウスイロツヤヒラタガムシ　757
ウスイロフトヒゲコカゲロウ　40, 103, 108
ウスイロミズギワカメムシ　411, 413, 415, 418
ウスイロユスリカ　1411
ウスキオビヒメガガンボ属　800, 801
ウズキキハダヒラタカゲロウ属　122, 143
ウスキシマヘリガガンボ　802
ウスギヌヒメユスリカ　1322, 1344
ウスギヌヒメユスリカ属　1322, 1343, 1344
ウスキヒロトゲケブカユスリカ　1377, 1397, 1403
ウスグロコカゲロウ　95
ウスグロトゲエラカゲロウ　49, 63
ウスグロヤリバエ　1571, 1577-1581

ウスチャツブゲンゴロウ　729
ウスバガガンボ　833, 836
ウスバガガンボ属　809, 830, 832
ウスバガガンボ属の1種　808, 830
ウスバキトビケラ　615, 626
ウスバキトンボ　221, 245, 265
ウスバキトンボ属　222, 244
ウスバコカゲロウ　101, 107
ウスバコカゲロウ属　92, 93, 101, 107
ウスバコカゲロウ属の1種　101
ウスヒメユスリカ　1415, 1428, 1433, 1439
ウスヒメユスリカ属　1412, 1437
ウスマダラミズメイガ　699, 701, 703, 705
ウスモンコケヒメガガンボ　812
ウスリーアツバエグリトビケラ　634-636
ウスリークサツミトビケラ　646, 655
ウチダコハクヤマトビケラ　517, 518, 521, 522
ウチダナガグツブユ　1289, 1292, 1294, 1299, 1301, 1302
ウチワヤンマ　206, 254
ウチワヤンマ属　193, 206
ウヅキキハダヒラタカゲロウ属　138
ウデマガリコカゲロウ　106, 110, 111
ウトナイヒゲナガトビケラ　645, 654
ウマブユ　1290, 1291, 1294, 1302
ウミアカトンボ　219, 245, 260
ウミアカトンボ属　218, 245
ウミアメンボ　395, 405-407
ウミアメンボ亜科　331, 405, 406
ウミベカトリバエ　1658, 1660
ウミミズカメムシ　371, 372, 374
ウミユスリカ属　1369, 1391
ウラウチカクヒメトビケラ　508, 510
ウラルヒメクダトビケラ　545, 551
ウルマーイワトビケラ　562, 564, 566
ウルマーイワトビケラ属　467, 472, 562, 563
ウルマーイワトビケラの1種　566
ウルマーウンモントビケラ　585, 588
ウルマークダトビケラ　545, 550
ウルマーシマトビケラ　445, 572, 575, 578-580
ウルマートビイロトビケラ　614, 625
ウルマーナガレトビケラ　480, 484, 488, 496
ウルマナガレアブ　1461
ウンモンエリエリユスリカ属　1406
ウンモンエリユスリカ属の1種　1372
ウンモントビケラ　585, 586, 588
ウンモントビケラ属　585, 589
ウンモンヒロバカゲロウ　439, 440
ウンモンヒロバカゲロウ属　439
ウンモンユスリカ属　1371

え

エグリタマミズムシ　363, 370
エグリトビケラ　448, 616, 621, 626
エグリトビケラ亜科　614, 626
エグリトビケラ科　448, 457, 459, 461, 464, 469, 613, 618, 619, 621-627
エグリトビケラ族　614
エグリヒゲユスリカ　1424
エサキアメンボ　394, 398, 400, 403
エサキコミズムシ　344, 345, 349, 351, 352, 354, 356, 358
エサキタイコウチ　334-336

索　引

エサキナガレカタビロアメンボ　381, 384, 388
エサキニセヒメガガンボ　940, 941
エサキヒメコシボソガガンボ　946, 953-955
エサキミカドガガンボ　849
エセシナハマダラカ　1040, 1042, 1102, 1104
エセチョウセンヤブカ　1063, 1071, 1074, 1175, 1250
エゾアオイトトンボ　162, 163
エゾアカネ　232, 233, 238
エゾアミカ　865
エゾイトトンボ　178, 179, 250
エゾイトトンボ属　170, 178
エゾウスカ　1055, 1135
エゾウスカ亜属　1048, 1049, 1055
エゾオオヤマユスリカ属　1351, 1352
エゾオナシカワゲラ　314
エゾカオジロトンボ　240, 263
エゾカノシマチビゲンゴロウ　722
エゾガムシ　759
エゾカワムラヤマトアミカ　872
エゾクロカワゲラ　317, 319
エゾクロホソカ　983, 986, 987, 992, 993
エゾクロモントビケラ　617, 620, 624, 626
エゾケシヤマトビケラ　517, 521, 522, 524
エゾゲンゴロウモドキ　738
エゾコオナガミズスマシ　739
エゾコガムシ　759
エゾコシボソガガンボ　944, 946-948, 953
エゾコセアカアメンボ　394, 398, 400, 402, 404
エゾコマドアミカ　868, 872, 873, 913, 915
エゾコヤマトンボ　211
エゾシロカゲロウ　438, 439
エゾセスジガムシ　749, 750
エゾセスジダルマガムシ　747
エゾトンボ　214-216
エゾトンボ科　182, 212
エゾトンボ属　212, 214
エゾヒメアシマダラブユ　1295, 1296
エゾヒメゲンゴロウ　733
エゾヒメミズスマシ　740
エゾヒラタヒメゲンゴロウ　732
エゾフタオカゲロウ　114
エゾフタマタアミカ　917, 918, 920
エゾマルツツトビケラ　592-594, 596
エゾミズギワカメムシ　411, 413, 415, 418
エゾミットゲマダラカゲロウ　77-79, 81
エゾミヤマタニガワカゲロウ　52, 123, 130
エゾヤブカ　1065, 1081, 1195, 1196, 1199, 1266
エゾヤブカ亜属　1061, 1066, 1081, 1199
エゾヤマトビケラ　515, 517-519
エダエラナガレトビケラ　481, 490
エダオカワゲラ　294, 298
エダオカワゲラ属　295, 296, 299
エダオカワゲラ属の1種　294, 297
エダゲヒゲユスリカ属の1種　1428, 1439
エダヒゲナガハナノミ属　765
エダヒゲマルハナノミ属　763
エダヒゲユスリカ属　1425, 1440
エチゴシマトビケラ　574, 583
エチゴシマトビケラ属　574, 576
エドウォーズヤブカ亜属　1061, 1066, 1081
エバウエルコマルガムシ　757

エビイケユスリカ　1418, 1429, 1432
エラノリユスリカ属　1387, 1392
エラノリユスリカ属の1種　1389, 1394
エラブタマダラカゲロウ　39, 86, 87
エラブタマダラカゲロウ属　74, 86, 87
エリオプテラ属　825
エリトラフユスリカ　1334
エリユスリカ亜科　1309-1313, 1316, 1368-1370, 1372, 1374, 1377, 1380, 1383, 1386, 1389, 1390, 1393, 1394, 1396, 1397, 1401-1404
エリユスリカ属　1384, 1387, 1395, 1400, 1405
エリユスリカ属の1種　1368, 1380
エルモンヒラタカゲロウ　126, 136, 141, 142
エンガルハマダラカ　1040, 1042, 1106
エンスイニセミギワバエ　1645, 1646
エンスイニセミギワバエ属　1644
エンスイミズメイガ　698, 700-704
エンデンチビマルガムシ　756
エンバンオナシカワゲラ　314
エンモンエグリトビケラ　615, 626
エンモンケミャクシブキバエ　1522-1524, 1527, 1531, 1533-1535

お

オオアオイトトンボ　162-164
オオアシマダラブユ　1290, 1292, 1294, 1301, 1302
オオアミメカワゲラ　275, 280, 283-285
オオアミメカワゲラ属　287
オオアメンボ　394, 396, 399, 402
オオイチモンジシマゲンゴロウ　735
オオイトトンボ　177
オオエゾカゲロウ　123, 128
オオカクツツトビケラ　604, 606, 607, 611
オオカ属　1089
オオカ族　1043, 1088
オオカワカゲロウ　32, 64, 65
オオキイロトンボ　221, 243, 265
オオキイロトンボ属　222, 243
オオキトンボ　235, 236, 240
オオギンヤンマ　191-193
オオクシヒゲガガンボ属　846
オオクダトビケラ　546, 549, 551
オオクダトビケラ属　460, 546-548, 551
オオクニイネソウモドキ属　779
オオクママダラカゲロウ　35, 75, 76
オオクラカワゲラ　294
オオクロツヤミズギワカメムシ　410, 416
オオクロマメゲンゴロウ　733
オオクロヤブカ　1083, 1204, 1205
オオケアシシブキバエ　1486, 1520, 1521
オオケチョウバエ　938
オオケミャクシブキバエ　1521, 1522, 1524, 1525, 1529, 1532
オオコオイムシ　337-339
オオコマツモムシ　363-366, 368
オオサカサナエ　196, 197
オオサワコマルガムシ　757
オオシオカラトンボ　226-228
オオシマゲンゴロウ　735
オオシマトビケラ　445, 572, 574
オオシマトビケラ亜科　456, 571, 574, 576, 577

オオシマトビケラ属　571, 574, 576
オオシママルヒラタドロムシ　766, 768
オオシロカゲロウ　34, 49, 66, 67
オオセスジイトトンボ　176, 178
オオツルアブ　1467, 1470, 1474
オオツルハマダラカ　1040, 1104, 1107
オオツルユスリカ　1438
オオトゲエラカゲロウ　31, 61-63
オオトゲバゴマフガムシ　760
オオトラフトンボ　213
オオナガケシゲンゴロウ　721
オオナガスネユスリカ　1424
オオナガレトビケラ　447, 474, 475
オオナガレトビケラ属　474, 649
オオヌマユスリカ属　1320, 1335, 1339
オオハナアブ　1598, 1602, 1604
オオバヒメアミカ　880
オオハマハマダラカ　1040, 1041, 1103
オオハラツットビケラ　590, 591, 593, 596
オオハラツットビケラ属　463, 469, 590, 595, 597
オオハラビロトンボ　220, 224, 225
オオヒゲナガトビケラ亜科　643, 648
オオヒゲナガトビケラ属　643
オオヒゲナガトビケラ族　643
オオヒメゲンゴロウ　733
オオヒメトビケラ属　503, 508, 511
オオフタオカゲロウ　41, 52, 114-116
オオブユ亜属　1289, 1300
オオブユ属　1288, 1291, 1292, 1300, 1302, 1303
オオブユ族　1280, 1299
オオマダラカゲロウ　36, 51, 77-79, 81
オオマルケシゲンゴロウ　726, 728
オオミズギワカメムシ　410, 412, 414
オオミズギワカメムシ族　414
オオミズスマシ　741
オオミズスマシ亜科　738, 740
オオミズスマシ属　738, 740
オオミズムシ　343, 349, 351, 353, 355
オオミドリユスリカ　1411, 1429, 1438
オオミドリユスリカ属　1420, 1427
オオムラサキトビケラ　587
オオムラヤブカ　1062, 1080, 1189, 1262
オオメコナガカワゲラ　298
オオメトンボ　220, 241, 242, 264
オオメトンボ属　218, 241
オオメナミアミカ　891, 893, 921-923
オオメフタマタアミカ　876-878, 917, 919, 920
オオメミズムシ　342, 348, 349, 353, 355
オオメミズムシ族　348
オオモノサシトンボ　166, 167, 248
オオモリハマダラカ　1039, 1040, 1101
オオヤマカワゲラ　294, 302, 303
オオヤマカワゲラ属　295, 296, 300, 326
オオヤマカワゲラ属の1種　275
オオヤマシマトビケラ　573, 576, 582
オオヤマトンボ　209, 258
オオヤマトンボ属　209
オオヤマヒゲユスリカ　1424
オオヤマユスリカ亜科　1309-1311, 1313, 1316, 1350, 1351
オオヤマユスリカ属　1351, 1352
オオユウレイガガンボ　847, 848

オオユキユスリカ属　1354, 1356, 1359
オオヨツメトビケラ　665-667
オオルリボシヤンマ　189
オオキタヤチバエ　1628, 1630, 1634, 1635
オガサワラアオイトトンボ　164
オガサワラアメンボ　393, 401, 403, 404
オガサワライエカ　1050, 1054, 1132
オガサワライソベハエ　1649
オガサワライトトンボ　169, 174, 175, 250
オガサワラセスジゲンゴロウ　730
オガサワラトンボ　217, 218
オガサワラニンギョウトビケラ　638, 641
オガサワラヒメトビケラ　501, 505
オガサワラミズギワカメムシ　411, 413, 415, 416
オカダアブ　1470, 1471, 1476
オガタツヤヒラタガムシ　757
オガタナンヨウブユ　1301
オガタヒロバカゲロウ　440, 441
オカダユスリカバエ　1271-1274
オガミヤチバエ　1615, 1634
オガミヤチバエ属　1612, 1614, 1615
オカモトクサカワゲラ　282, 288
オカモトクロカワゲラ　319
オカモトクロカワゲラ属　318, 320
オカモトホソカワゲラ　322
オキナワイトアメンボ　375-377
オキナワオオカ　1089, 1090
オキナワオオクダトビケラ　546, 551
オキナワオオシマトビケラ　572
オキナワオオミズスマシ　740
オキナワオジロサナエ　194, 203, 204, 256
オキナワカギガ　1087, 1088, 1220, 1221
オキナワキイロアブ　1472
オキナワクロウスカ　1055, 1056, 1137
オキナワクロスジヘビトンボ　434, 435
オキナワコガタシマトビケラ　574
オキナワコシアキヒメユスリカ　1312, 1320, 1349
オキナワコヤマトンボ　209-211
オキナワサナエ　198, 199, 256
オキナワサラサヤンマ　185
オキナワシジミガムシ　756
オキナワシロカゲロウ　439
オキナワスジゲンゴロウ　735, 737
オキナワチビカ　1086, 1212
オキナワチビマルヒゲナガハナノミ　767
オキナワチョウトンボ　219, 242, 243, 265
オキナワトゲオトンボ　154, 161
オキナワニセミギワバエ　1645-1648
オキナワニンギョウトビケラ　637, 639, 641
オキナワハゴイタヒメトビケラ　506, 509
オキナワハマダラカ　1041
オキナワヒゲナガカワトビケラ　525, 526, 528
オキナワヒメタニガワトビケラ　540, 541
オキナワホシシマトビケラ　572, 574
オキナワマエキガガンボ　852
オキナワマツモムシ　362-364, 366
オキナワマルチビガムシ　758
オキナワマルヒラタドロムシ　766, 768
オキナワミズアブ　1448
オキナワミナミヤンマ　206, 207
オキナワヤブカ　1063, 1071, 1073, 1174, 1249

索　引

オキミヤマイワトビケラ　561, 565
オクエゾクロマメゲンゴロウ　732
オグマサナエ　201-203
オクヤマユスリカ　1358
オグラヒメトビケラ　501, 503, 505
オサムシ亜目　712
オシロイミギワバエ　1645
オジロサナエ　203, 204
オジロサナエ属　195, 203
オスエダカワゲラ属　299
オセアニアハネビロトンボ　244
オゼイトトンボ　169, 178, 179
オゼハゴイタヒメトビケラ　506, 509
オゼミズギワカメムシ　410, 412, 414
オダクサツミトビケラ　646
オダミヤマイワトビケラ　561, 565
オダミヤマカクツツトビケラ　605, 612
オダミヤマコヒゲナガトビケラ　645, 654
オタルナガグツブユ　1289, 1292, 1293
オツネントビケラ　448, 620, 623, 626
オツネントビケラ属　616, 623
オツネントンボ　163, 165, 247
オツネントンボ属　161, 165
オトヒメトビケラ属　462, 503, 504, 511
オドリバエ科　794, 1479-1481, 1483, 1485-1487, 1547, 1549-1552
オナガアカネ　238
オナガエリユスリカ属　1381, 1405
オナガエリユスリカ属の1種　1383, 1394
オナガカクツツトビケラ　604, 611
オナガカクヒメトビケラ　508, 510
オナガコケヒメガガンボ　812, 813, 820
オナガサナエ　196, 205, 257
オナガサナエ属　195, 205
オナガダンダラヒメユスリカ　1325, 1326
オナガヒラタカゲロウ　126, 134, 136, 141, 142
オナガミズスマシ　739
オナガミズスマシ亜科　738, 739
オナガミズスマシ属　738, 739
オナガヤマユスリカ属　1353, 1361
オナガユスリカ属　1421
オナガユスリカ属の1種　1410, 1433, 1438
オナシカワゲラ　314
オナシカワゲラ亜科　313
オナシカワゲラ科　274-278, 311-314, 326
オナシカワゲラ上科　274
オナシカワゲラ属　311-314, 326
オナシカワゲラ属の1種　312
オナシケブカエリユスリカ属　1376
オニクサカワゲラ　291
オニヒメタニガワカゲロウ　124, 125, 132
オニヤンマ　181, 207, 208, 258
オニヤンマ科　182, 208
オニヤンマ属　208
オビカゲロウ　43, 122, 127
オビカゲロウ属　121, 122, 127
オビコシボソガガンボ　946, 947, 950, 952, 953
オビシタカワゲラ属　309-311
オビシタカワゲラ属の1種　310
オビナシイエカ　1049, 1051, 1052, 1118, 1225
オビヒメガガンボ科　799, 802, 803, 805

オビユスリカ属　1319, 1324, 1329
オモゴイワコエグリトビケラ　632
オモゴミズギワカメムシ　410, 412, 416
オオナガコミズムシ　344, 345, 350, 354, 356, 357
オヨギカタビロアメンボ　380, 390, 391
オヨギユスリカ属　1423, 1440
オルモシア属　827
オワラダルマガムシ　746
オンダケトビケラ　618, 627
オンダケトビケラ亜科　617
オンダケトビケラ属　464, 469, 617, 620, 625
オンダケミヤマイワトビケラ　561, 565

か

カイガンニセミギワバエ属　1644, 1645, 1647, 1649
カイノコカゲロウ　95
カイメンユスリカ　1418, 1433
カイメンユスリカ属　1416, 1427
カオジロトンボ　221, 240, 263
カオジロトンボ属　222, 240
カ科　794, 1021
ガガンボ亜科　851
ガガンボ科　792, 843-845, 848
ガガンボカゲロウ　41, 111-113
ガガンボカゲロウ科　41, 57, 58, 111-113
ガガンボカゲロウ属　111-113
ガガンボ属　849, 853-855
カギアシゾウムシ属　779
カギカ属　1088
カキダハゴイタヒメトビケラ　506, 509
カキダヒメトビケラ　502, 505
カギヅメクダトビケラ　545, 550
カギヅメクダトビケラ属　545, 547
カギツメトビケラ　549
カギツメトビケラ属　548
カギヒゲクロウスカ　1055, 1056, 1138
カギホソカワゲラ属　321
カギホソカワゲラ属の1種　278, 322
カクイカ属　1044, 1045, 1059
カクスイトビケラ科　457, 460, 461, 463, 469, 590-593
カクスイトビケラ　590, 595, 597
カクツツトビケラ科　457, 460, 463, 469, 598
カクツツトビケラ　463, 469, 600, 606-611
カクヒメトビケラ　503, 507, 510
カクヒメトビケラ属　503, 507, 510
カゲロウ目　47
カシマユキユスリカ　1355, 1363
カスガカクツツトビケラ　603, 610
カスタネアマダラカゲロウ　35, 75, 76
カスミハネカ　929, 931-933
カスリガガンボ　845, 856
カスリケシカタビロアメンボ　382, 383, 387, 391
カスリヒメガガンボ　820
カスリヒメガガンボ属　811, 815, 816, 818
カスリヒロバカゲロウ　440, 441
カスリマルヒゲヤチバエ　1617, 1619, 1631, 1634
カスリモンユスリカ　1317, 1318, 1345
カタジロナガレツヤユスリカ　1372, 1374
カタツムリトビケラ　670
カタツムリトビケラ科　455, 460, 465, 670
カタツムリトビケラ属　465, 670

カタビロアメンボ科　333, 380, 385-392
カトウアカアブ　1470, 1471, 1476
カトリバエ　1658-1660
カトリバエ属　1660
カトリヤンマ　184, 188, 252
カトリヤンマ属　183, 188
カドワキタニガワトビケラ　539, 540
カナガワクヒメトビケラ　507, 510
カナヅチクチナガヤセオドリバエ　1542-1545
カニアナチビカ　1085, 1206
カニアナツノフサカ　1056, 1057, 1143
カニアナヤブカ　1064, 1080, 1192, 1264
カニアナヤブカ亜属　1061, 1066, 1080
カニアミカ　898
カニアミカ属　923
カニオオブユ　1289, 1291, 1293, 1302
カニギンモンアミカ　897, 898, 902, 923, 924
カノシマチビゲンゴロウ　722
カブトムシ亜目　712, 742, 743
カマオドリバエ亜科　1483, 1513, 1514, 1548, 1549, 1553
カマオドリバエ属　1484, 1514, 1549, 1553
カマオドリバエ属の1種　1486
カマガタユスリカ属　1412, 1435
カマガタユスリカ属の1種　1432, 1439
カマミナモオドリバエ亜属　1500, 1505
カミムラカワゲラ　294, 302
カミムラカワゲラ属　295, 296, 301
カミヤコガシラミズムシ　714
ガムシ　759, 761
ガムシ亜科　751, 758
ガムシ科　742, 744, 751, 761
ガムシ属　752, 758
カムチャッカトビケラ　448, 618, 619, 625
カメノコヒメトビケラ　444, 512, 513
カメノコヒメトビケラ科　455, 458, 471, 512
カメノコヒメトビケラ属　471, 512, 513
カモヒゲナガトビケラ　644, 653
カモヤマユスリカ　1353, 1354, 1360
カユスリカ属　1318, 1340, 1342
カラカネイトトンボ　169, 170, 248
カラカネイトトンボ属　170
カラカネトンボ　212, 213, 259
カラカネトンボ属　212, 213
カラスヤンマ　206, 207
カラツイエカ　1050, 1054, 1133
カラヒメドロムシ属　773, 777
カラフトアカアブ　1472, 1473, 1477
カラフトイトトンボ　178, 179
カラフトゴマフトビケラ　587
カラフトシマケシゲンゴロウ　720
カラフトナガケシゲンゴロウ　721
カラフトマルガタゲンゴロウ　736
カラフトヤブカ　1067, 1069, 1159
カルダコフナガレトビケラ　480, 483, 487, 494
ガロアシマトビケラ　574, 575
カロリンホソアカトンボ　223
カワカクヒメトビケラ　503, 504, 507, 510
カワカゲロウ亜属　64
カワカゲロウ科　32, 56, 57, 64, 65
カワカゲロウ属　64
カワゲラ亜科　300

カワゲラ科　274-278, 293, 295, 297, 298, 302, 325
カワゲラ上科　274, 276
カワゲラ属　301
カワゲラ族　300
カワゲラ目　271, 274, 276, 325
カワゴケミズメイガ　700, 701, 703, 704
カワゴケミズメイガ　697
カワトビケラ科　456, 458, 462, 466, 468, 472, 529, 530
カワトンボ科　155
カワトンボ属　155, 157
カワムラアシマダラブユ　1302
カワムラナガレトビケラ　478, 479, 484, 492
カワムラナベブタムシ　360, 361
カワモトニンギョウトビケラ　637, 639-641
カワラボウナガレトビケラ　483, 492
カワリシンテイトビケラ属　553, 554
カワリナガレトビケラ科　456, 459, 461, 462, 468, 471, 498
カワリナガレトビケラ属　462
カワリフトオハモンユスリカ　1313
カワリユスリカ属　1421, 1434
カントウカクツツトビケラ　602, 609
カンナハネカ　932, 933
カンバラカクツツトビケラ　603, 611
ガンバンヒメトビケラ　503, 504, 506, 511
ガンバンヒメトビケラ属　506, 511
カンピレカクヒメトビケラ　503, 508, 510
環縫短角群　792
カンムリイズミコエグリトビケラ　631, 632
カンムリカクツツトビケラ　601, 606, 609
カンムリケミゾユスリカ　1424
カンムリケミゾユスリカ属の1種　1439
カンムリセスジゲンゴロウ　731

き

キアシオオブユ　1289, 1291, 1293
キアシツメトゲブユ　1290, 1292, 1294, 1301, 1302
キーガンキイロアブ　1472, 1473
キイトトンボ　170, 171
キイトトンボ属　170
キイヒラタチョウバエ　937, 938
キイロアブ属　1468, 1472, 1478
キイロガガンボカゲロウ　111, 112
キイロカワカゲロウ　32, 64, 65
キイロカワカゲロウ亜属　64
キイロキタヤチバエ　1628, 1629, 1634, 1635, 1638
キイロクダトビケラ　545, 550
キイロケバネエリユスリカ　1316, 1374, 1377, 1380, 1394
キイロコガシラミズムシ　715
キイロコシボソガガンボ　944, 947
キイロサナエ　194, 196, 198
キイロタニガワカゲロウ　124
キイロニセミギワバエ　1646-1648
キイロネクイハムシ　778
キイロネクイハムシ属　779
キイロハラビロトンボ　223-225
キイロヒタラガムシ　761
キイロヒラタカゲロウ　126, 134, 136, 141, 142
キイロフタマタアミカ　876, 877, 883, 885, 919, 920
キイロマツモムシ　362, 363, 367
キイロミナモオドリバエ　1507
キイロヤマトンボ　210, 211

索　引

キイロヤリバエ　1571-1576
キオビチビゲンゴロウ　725
キオビミズメイガ　695, 698, 700-704
キオビミズメイガ属　697
キカワゲラ属　295, 296, 299, 325
キクロカワゲラ　298
キゴシガガンボ　848, 850
キゴシガガンボ属　846, 849, 850
キゴシキンメアブ　1472
キゴシハナアブ　1599, 1602, 1604
キザキユスリカ　1410, 1438
キザキユスリカ属　1435
キシタカワゲラ　310
キシタカワゲラ属　309, 311
キシタカワゲラ属の1種　310
キシベケミャクシブキバエ　1522-1524, 1526, 1529, 1530, 1532
ギシロフアブ　1470, 1471, 1476
キスジクロホソカ　961, 962, 967, 971, 972, 985, 987, 1000, 1001, 1004, 1011, 1013, 1016
キスジホソハムシ　778
キスジミゾドロムシ　774
キソイワトビケラ　561, 563, 564, 566
キソイワトビケラ属　463, 561, 563
キソガワフユユスリカ　1402
キソコカゲロウ　94
キソタニガワトビケラ　536, 537
キソトビケラ属　470, 665, 667
キソナガレトビケラ　480, 483, 487, 495
キソヤマブユ　1301, 1302
キタアオヒゲナガトビケラ　648, 656
キタアミメトビケラ　585, 588
キタイソベバエ　1650, 1652
キタイトアメンボ　375, 376
キタイトトンボ　178, 179
キタイワトビケラ　562
キタオオブユ　1289, 1291, 1293, 1301, 1302
キタガミトビケラ　443, 597
キタガミトビケラ科　457, 459, 463, 469, 597
キタガミトビケラ属　463, 469, 597
キタクダトビケラ　550
キタクダトビケラ属　546-549
キタクロオオブユ　1303
キタクロニンギョウトビケラ　638-641
キタケブカユスリカ属　1350
キタコイワトビケラ　560, 566
キタコエグリトビケラ　629, 630
キタコブセスジダルマガムシ　748
キタコマルガムシ　757
キタコヤマトビケラ　517, 519, 521
キタシマトビケラ　572, 575, 579, 580
キタセスジガムシ　749
キタセンブリ　431, 433
キタタニガワトビケラ　536, 537
キタナガレネジレオバエ　1546
キタニセミギワバエ　1646, 1648
キタノコヒゲガガンボ　853
キタヒメアメンボ　395, 397, 399, 402
キタヒメゲンゴロウ　733
キタヒラタカゲロウ　126, 136, 142
キタビロウドエリユスリカ属　1388

キタホソガムシ　748
キタマエキガガンボ　852
キタマダラカゲロウ　37, 81-83, 85, 87
キタマダラチビゲンゴロウ　722
キタマダラチビゲンゴロウ属　719, 722
キタマルヒメドロムシ属　771, 775
キタミズカメムシ　371, 372, 373
キタモンユスリカ属　1319, 1330, 1331
キタヤチバエ属　1613-1615, 1628
キタヤチバエ族　1612, 1613
キタヤブカ　1065, 1067, 1069, 1162, 1236, 1239
キタヤマカクスイトビケラ　590, 591, 593, 595
キタヨスジキンメアブ　1467, 1472
キトンボ　235, 236, 239
キヌバカワトンボ属　155, 157
キノコガガンボ属　800
キノシタシロフアブ　1468, 1470, 1474, 1475
キハダヒラタカゲロウ　46, 138
キハダヒラタカゲロウ属　122, 137, 138, 142
キバネモリトンボ　214-216
キバラアブ　1472
キバライトトンボ　176
ギフシマトビケラ　573, 576, 579, 582
ギフダイミョウガガンボ　802, 803
キブネエリユスリカ属　1384, 1400
キブネクダトビケラ　552
キブネクダトビケラ科　457, 459, 468, 472, 552
キブネクダトビケラ属　468, 472, 552
キブネクロカワゲラ　319
キブネタニガワカゲロウ　124-126, 133
キブネヌマユスリカ　1319, 1339
キブネヒメアミカ　880
キブネミヤマシマトビケラ　571, 577
キベリオオツヤヒラタガムシ　757
キベリクロヒメゲンゴロウ　733
キベリコシボソガガンボ　946, 947, 949, 952
キベリナガアシドロムシ　769
キベリマメゲンゴロウ　731
キボシアブ　1468, 1469, 1472, 1473, 1477
キボシアブ属　1468, 1472, 1478
キボシケシゲンゴロウ　723
キボシケシゲンゴロウ属　722, 723
キボシチビコツブゲンゴロウ　716
キボシツブゲンゴロウ　728, 729
キボシツブゲンゴロウ属　726, 729
キマダラカゲロウ　39, 52, 81-83, 85
キマダラシマトビケラ　571
キマダラシマトビケラ属　577
キマダラヒメガガンボ属　814
キマダラヒロバカゲロウ　440, 441
キミドリカワゲラ属　304-306
キムネマルハナノミ　763
キムネマルハナノミ属　762
キムラマルヒラタドロムシ　767
キモグリエリユスリカ　1393, 1397, 1403
キモグリユスリカ　1410, 1414
キュウシュウイワコエグリトビケラ　632
キュウシュウカメノコヒメトビケラ　512, 513
キュウシュウカラヒメドロムシ　777
キュウシュウクロセンブリ　432
キュウシュウコシボソガガンボ　945-947, 951, 952

キュウシュウホソカ　968, 969, 972, 974, 984, 986, 988, 996, 997, 1003, 1005, 1010-1012
キュウナガヒメトビケラ　502, 505
キョウトキハダヒラタカゲロウ　46, 138, 142, 143
キョウトクシヒゲカ　1058, 1147
キョウトコエグリトビケラ　629, 630
キョウトナガレユスリカ　1315, 1424
キョウトニンギョウトビケラ　637, 639-641
キョウトヒメフタオカゲロウ　40, 88-91
キョウトフタバカゲロウ　107
キョウトユキユスリカ　1353, 1354, 1359
キョクトウハネカ　932
キリウジガガンボ　845, 856
キリカキケバネエリユスリカ　1377, 1398
キリカキケバネエリユスリカ属　1378
キリカキケバネエリユスリカ属の1種　1396, 1402
キリバネトビケラ属　615, 620, 625
キンイロアブ　1468, 1470, 1474, 1475, 1477
キンイロヌマカ　1047, 1115
キンイロヌマカ亜属　1047
キンイロネクイハムシ　778
キンイロヤブカ　1062, 1080, 1190, 1191, 1263
キンイロヤブカ亜属　1061, 1066, 1079
ギンガクアシナガバエ属　1562
均翅亜目　152, 153
ギンパライミャクオドリバエ　1489, 1492, 1497
ギンパラカマナガレバエ　1505
ギンパラカマミナモオドリバエ　1485, 1505, 1506
キンパラナガハシカ　1087, 1216, 1217
ギンパラミャクオドリバエ　1495
ギンボシツツトビケラ　647, 652, 656
キンメアブ　1467, 1469, 1472, 1473
キンメアブ属　1467, 1471, 1478
ギンモンアミカ属　865, 897, 898, 909-911, 923, 924
ギンモンカ属　1088
ギンモンミズメイガ　695, 698, 699, 703-705
ギンモンミズメイガ属　696
ギンヤンマ　191, 192, 252
ギンヤンマ属　183, 191

く

クサカワゲラ亜科　288, 289, 291-293
クサカワゲラ属　282, 284, 293
クサツミトビケラ　647
クサツミトビケラ属　470, 473, 646, 648-651
クサツミトビケラ族　646
クシゲマダラカゲロウ　38, 81-83, 85, 87
クシゲマチミズアブ　1448
クシナシエリユスリカ属　1382, 1395
クシナシエリユスリカ属の1種　1396
クジナンヨウブユ　1289, 1292, 1293, 1299, 1301, 1302
クシバエリユスリカ属　1388, 1406
クシバユスリカ　1379
クシヒゲカ亜科　1048, 1049, 1057
クシヒゲガガンボ属　846
クシヒゲマルヒラタドロムシ　766, 768
クシヒメユスリカ亜属の1種　1340
クダトビケラ亜科　544
クダトビケラ科　457, 459, 460, 462, 466, 468, 472, 544, 548-551
クダトビケラ属　462, 466, 472, 544, 547-549

クチキエリユスリカ　1311
クチキトビケラ　661, 663, 664
クチキトビケラ属　470, 473, 661, 664
クチナガアミカ属　865, 899, 910, 911, 924, 925
クチナガガガンボ属　829
クチナガシブキバエ　1487, 1537, 1539, 1540
クチナガシブキバエ属　1484, 1549, 1552, 1554
クチナガヤセオドリバエ属　1486, 1541, 1542, 1544, 1545
クチバシガガンボ属　810, 829, 835
クチバシガガンボ属の1種　830
クチバシガガンボ属の1種　836
クチバシクダトビケラ　545, 550
クチボソガガンボ属　829, 835
クチボソガガンボ属の1種　836
クナシリシジミガムシ　755
クニガミカクツツトビケラ　602, 609
クニビキアカダルマガムシ　746
クハラミヤマトビケラ　618, 627
クビボソコガシラミズムシ　714
クビレサワユスリカ　1353-1355, 1360
クビワユスリカ　1393, 1396, 1402
クボタマルヒメドロムシ　776
グマガトビケラ　668
グマガトビケラ属　465, 470, 667
クマドリホソバネヤチバエ　1622, 1632
クマノカクツツトビケラ　602, 609
クマンスキークサツミトビケラ　646
クメジマボタル　777, 778
クメセンブリ　431, 433
クモガタウスバキトビケラ　615, 626
クモガタガガンボ属　821
クモスケヤリバエ　1567, 1572, 1583-1587
クモヒメガガンボ亜科　809, 811, 821-823, 826, 828
クモマエゾトンボ　212, 214-216
クラカケカワゲラ属　295, 296, 301, 326
クラカワゲラ属　301
クラッサナガレトビケラ　487, 489
クラマナガレトビケラ　480, 484, 488, 496
クリイロヒゲナガハナノミ　764
クリコハクヤマトビケラ　521
クルビスピナニンギョウトビケラ　637, 639-641
クレッソンニセミギワバエ　1646-1648
クレメンスナガレトビケラ　477, 478, 483, 487, 492
クロイトトンボ　176, 177
クロイトトンボ属　170, 176
クロイワカワトンボ　156, 157, 246
クロイワコマツモシ　364-368
クロイワシミズホソカ　962, 967, 970, 972, 974, 976, 984, 986, 988, 989, 998, 1004, 1005, 1009-1012
クロウスカ亜属　1055
クロウスカ亜属（カギヒゲクロウスカ）　1049
クロウスカ亜属（コガタクロウスカ群）　1048, 1049
クロオブユ　1288, 1291, 1293, 1301-1303
クロオトヒメトビケラ　504, 506, 511
クロオナシカワゲラ　312, 314
クロカワゲラ　317
クロカワゲラ科　274-278, 315-317, 319, 327
クロカワゲラ属　318
クロカワゲラ属の1種　278, 317
クロキンメアブ　1467, 1469, 1471, 1473, 1477
クロクダトビケラ　552

クロケバネエリユスリカ　1377
クロケブカヒメガガンボ　813, 815, 819, 820
クロゲンゴロウ　736
クロコブセスジダルマガムシ　747, 750
クロサナエ　199, 200, 255
クロサワシマトビケラ　567
クロサワツブミズムシ　741
クロサワドロムシ　775
クロサワドロムシ属　773, 775
クロシオガムシ亜科　751, 753
クロシオガムシ属　752, 753
クロシマトビケラ　573, 583
クロシミズホソカ　969
クロズエグリトビケラ　448, 615, 620, 621, 625, 626
クロズエグリトビケラ属　615
クロズキソトビケラ　665, 667
クロスジギンヤンマ　191, 192
クロスジコブユスリカ　1313
クロスジシロカゲロウ　438, 439
クロスジヒゲナガトビケラ　644, 651, 653
クロスジヘビトンボ亜科　429, 430
クロスジヘビトンボ属　429, 432
クロセスジガムシ　751
クロタニガワカゲロウ　124, 126, 132
クロチビミズムシ　341, 342, 346
クロツツトビケラ　634-636
クロツツトビケラ科　457, 459, 464, 470, 473, 634-636
クロツツトビケラ属　464, 473, 634
クロツノフサカ　1056, 1057, 1142
クロツヤエリユスリカ　1370, 1404
クロツヤエリユスリカ属　1371, 1405
クロツヤヒゲナガハナノミ属　765
クロツヤミズギワカメムシ　410, 412, 416
クロテンシロミズメイガ　699-701, 704
クロトゲカクツツトビケラ　603, 610
クロトゲマエキガガンボ　852
クロトビイロカゲロウ　31, 60, 61
クロトビイロカゲロウ亜属　60
クロナガカワゲラ　298
クロニンギョウトビケラ　637, 638, 640, 641
クロノギカワゲラ　279, 281
クロバアミカ　861, 865, 867, 908, 911, 912
クロバアミカ属　865, 909-912
クロバアミカ　865
クロバヌマユスリカ　1319, 1342
クロバネエグリトビケラ属　614, 622
クロバネトビケラ　630, 631
クロバネトビケラ属　629, 632, 633
クロバネヒメガガンボ　830, 835
クロバネヒメガガンボ属　811, 829, 835
クロハモンユスリカ　1312
クロヒゲカワゲラ　294, 302, 303
クロヒゲコマルガムシ　757
クロヒメガガンボ属　816
クロヒメカワゲラ属　290
クロヒメゲンゴロウ　733
クロヒメゲンゴロウ属　733
クロフクシヒゲカ　1057, 1058, 1145
クロフチケガガンボ　818
クロフトオヤブカ　1083, 1201
クロフトヒゲコカゲロウ　103, 108

クロベヒメフタオカゲロウ　40, 88-91
クロホシコガシラミズムシ　715
クロホソカ　984, 986, 987, 995, 996, 1003, 1007-1009
クロホソバトビケラ　657-659
クロマダラカゲロウ　35, 75, 76
クロマメゲンゴロウ　732
クロマルハナノミ　763, 764
クロマルハナノミ属　762, 763
クロマルヒゲヤチバエ　1618, 1631
クロマルヒメドロムシ　776
クロミヤマタニガワカゲロウ　123, 130
クロモンエグリトビケラ　448, 617, 622, 624, 626
クロモンナガレアブ　1456-1460
クロヤブカ属　1044, 1045, 1083
クロユスリカ　1411, 1418, 1429, 1432, 1438
クロユスリカ属　1417, 1430
クワナシリブトガガンボ　840-842
クワナシリブトガガンボ属　842
クワヤマカクスイトビケラ　591, 593-595
クワヤマナガレトビケラ　477-479, 481, 484, 492
グンバイトンボ　165-167
グンバイトンボ属　165, 166
グンバイヤリバエ　1571, 1587-1591
グンマクカクヒメトビケラ　507, 510

け

ケアシシブキバエ属　1484, 1549, 1552
ゲイシャイミャクオドリバエ　1489, 1492, 1495, 1497
ケイジョウヤブカ　1064, 1071, 1073, 1172, 1247
ケイリュウヒメユスリカ　1322, 1323, 1327
ケイリュウヒメユスリカ属　1323, 1324, 1327
ケシウミアメンボ　380, 392
ケシウミアメンボ亜科　392
ケシカタビロアメンボ　382, 385, 391
ケシカタビロアメンボ亜科　382, 385-390
ケシカタビロアメンボ属　391
ケシゲンゴロウ　723
ケシゲンゴロウ亜科　718, 719, 727, 728
ケシゲンゴロウ属　722, 723
ケシゲンゴロウ族　719, 722
ケシヒメトビケラ属　502, 511
ケシマルハナノミ　763
ケシマルハナノミ属　762
ケシミズカメムシ　378, 379
ケシミズカメムシ科　331, 334, 377-379
ケシヤマトビケラ属　514, 522-524
ケシヤマトビケラ属の1種　518
ケスジドロムシ　769, 776
ケスジドロムシ属　771, 773, 776
ケズネイミャクオドリバエ　1489, 1490, 1494, 1496
ケズメカトリバエ　1658-1660
ケチビミズムシ　341, 342, 347
ケトビケラ科　458, 460, 465, 470, 667, 668
ケナガエリユスリカ属　1379, 1390
ケナガエリユスリカ属の1種　1380, 1394
ケナガケバネエリユスリカ　1378, 1382, 1407
ケナガケバネエリユスリカ属の1種　1377, 1394, 1397, 1404
ケバコブユスリカ　1415
ケバコブユスリカ属　1412, 1437
ケバコブユスリカ属の1種　1414, 1433

ケバネエリユスリカ属　1378, 1407
ケバネエリユスリカ属の1種　1370, 1404
ケバネオオヤマユスリカ　1351, 1352
ケバネオオヤマユスリカ属　1351, 1352
ケバネユスリカバエ　1271-1274
ケバネユスリカバエ属　1275
ケブカエリユスリカ属　1376, 1407
ケブカオヨギカタビロアメンボ　380, 384, 390
ケブカコバネケシミズカメムシ　378, 379
ケブカヒメガガンボ　819
ケブカヒメガガンボ属　811, 814, 819
ケブカミズギワカメムシ　411, 413, 415, 418
ケブカユスリカ亜科　1309, 1311, 1312, 1315, 1316, 1347
ケボシエリユスリカ　1389
ケボシエリユスリカ属　1387, 1398, 1406
ケボシユスリカ属の1種　1393, 1397, 1402
ケマダラマルハナノミ属　763
ケミゾユスリカ属　1425, 1441
ケミゾユスリカ属の1種　1424, 1428
ケミャクシブキオドリバエ　1527
ケミャクシブキバエ属　1484, 1520, 1522-1534, 1549, 1552, 1555
ケユキユスリカ属　1355, 1361, 1362
ケルクスコカゲロウ　95
ゲンカミクロヒメトビケラ　502, 511
ゲンゴロウ　736, 737
ゲンゴロウ亜科　718, 733, 734, 737
ゲンゴロウ科　713, 718, 727, 728, 737
ゲンゴロウ属　734, 736
ゲンゴロウモドキ　738
ゲンゴロウモドキ属　734, 737
ゲンジボタル　777-779
ゲンジボタル属　777
ゲンリュウオビユスリカ　1319, 1329

こ

コイズミエグリトビケラ　634-636
コイワトビケラ属　560, 563
広翅目　429
コウチュウ目　707
コウトウコガシラミズムシ　715
コウノアミメカワゲラ属　280, 284, 290
コウノアミメカワゲラ属の1種　283, 285, 286
コウノセカクツツトビケラ　602, 609
コウノナガレトビケラ　480, 485, 488, 496
コウノマダラカゲロウ　36, 77-79, 81
コウベツブゲンゴロウ　729
コウホネネクイハムシ　778
コエグリトビケラ科　457, 459, 464, 473, 628, 630, 632, 633
コエグリトビケラ属　464, 473, 629, 633
コエゾトンボ　214-216
コオイムシ　337-339
コオイムシ亜科　339
コオイムシ科　332, 337, 338
コオイムシ属　339
コオナガミズスマシ　739
コオニヤンマ　205, 254
コオニヤンマ属　193, 205
コオノツノマユブユ　1289, 1292, 1293, 1299, 1304
コカクツツトビケラ　602, 610
コカゲロウ

D コカゲロウ　103, 104, 109, 110
F コカゲロウ　96, 100, 101, 107
J コカゲロウ　96, 100, 107
M1 コカゲロウ　96, 107
M コカゲロウ　96, 100, 107
N コカゲロウ　103, 104, 109
O コカゲロウ　96, 100, 107
P コカゲロウ　104
コカゲロウ科　40, 57, 58, 91, 92, 97-106
コカゲロウ属　92, 93, 95, 96, 99-101
コガシラミズムシ　714, 717
コガシラミズムシ科　712, 713, 717
コガシラミズムシ属　713, 714, 717
コガタアカイエカ　1050, 1051, 1053, 1124, 1125, 1228
コガタイエカ　1053
コガタイズミコエグリトビケラ　631, 632
コガタウスバキトビケラ　615, 626
コガタウミアメンボ　395, 405-407
コガタエリユスリカ　1373, 1395, 1398
コガタエリユスリカ属の1種　1374, 1396, 1402
コガタガムシ　759, 761
コガタカメノコヒメトビケラ　512, 513
コガタキンイロヤブカ　1064, 1081, 1194
コガタクロウスカ　1055, 1136
コガタクロカワゲラ　319
コガタクロカワゲラ属　316, 320
コガタクロバネトビケラ　630, 631
コガタコエグリトビケラ　629, 630
コガタコブニンギョウトビケラ　638, 639, 642
コガタシマトビケラ　446, 573, 575, 578
コガタシマトビケラ属　463, 573, 575, 576
コガタセマルガムシ　753
コガタチビカ　1086, 1213
コガタニンギョウトビケラ　638, 641
コガタノゲンゴロウ　736, 737
コガタノヒメユスリカ亜属の1種　1340
コガタノヒメユスリカ属　1321, 1337, 1340
コガタノヒメユスリカ属の1種　1340
コガタノミズアブ　1447, 1448
コガタハマダラカ　1039, 1097, 1098
コガタヒゲナガトビケラ　644, 653
コガタヒメアミカ　888
コガタフタツメカワゲラ属　300, 326
コガタフトオヤブカ　1082, 1083, 1200
コガタホソカ　969, 974, 985, 987, 1001, 1002, 1004, 1016, 1017
コガタホソカ属　969
コガタホソバトビケラ属　658
コガタユスリカ属　1436
コガネツヤトビケラ　567
ゴカヒメアミカ　883
コガムシ　759, 761
コガムシ属　752, 758, 759
コカワゲラ　293, 296, 297, 303
コカワゲラ属　301
コキソガワフユユスリカ　1396
コキムネマルハナノミ　763
コグサアミメカワゲラ属　290
コグサヒメカワゲラ属　282, 284, 290
コグサヒメカワゲラ属の1種　283, 288, 289
コクロバアミカ　912

索　引

コクロヒラタガムシ　758, 761
コクロヒラタガムシ属　752, 754, 758
コクロマメゲンゴロウ　732
コクロマルハナノミ　763
コケエリユスリカ　1396
コケエリユスリカ属　1373, 1399
コケエリユスリカ属の1種　1372
コケシゲンゴロウ　723
コケヒメガガンボ亜科　809, 812, 813, 817, 820
コケヒメガガンボ属　810, 812, 814
コケヒメトビケラ　504, 507, 511
コケヒメトビケラ属　503, 507, 511
コサナエ　201, 202, 256
コサナエ属　195, 201
コザンチコフシマトビケラ　573, 583
コシアキトンボ　222, 241, 264
コシアキトンボ属　222, 241
コシアキナガレオドリバエ　1501
コシアキミナモオドリバエ　1485, 1501, 1502
コシアキミナモオドリバエ群　1502, 1503
コシキトゲオトンボ　160
コシブトトンボ　229, 260
コシブトトンボ属　219, 229
コシボソガガンボ亜科　943–945, 948–951, 953
コシボソガガンボ科　792, 943, 946
コシボソガガンボ属　944
コシボソヤンマ　181, 184, 185, 252
コシボソヤンマ属　183, 185
コジマカクツットビケラ　603, 610
コシマゲンゴロウ　735
コシマチビゲンゴロウ　721
コジロユスリカ　1337
コジロユスリカ属　1322, 1335, 1337
コスジシラキブユ　1290, 1291, 1293, 1302
コスタオトヒメトビケラ　504, 511
コセアカアメンボ　397, 400, 402, 404
コセアカアメンボ亜属　404
コセスジゲンゴロウ　729
コセスジダルマガムシ　747
コタニガワトビケラ属　466, 472, 529, 541, 543
コチビミズムシ　341, 342, 346, 347
コツブゲンゴロウ　716, 717
コツブゲンゴロウ科　713, 715, 717
コツブゲンゴロウ属　716
コナガカワゲラ属　295, 296, 300, 326
コナガカワゲラ属の1種　294
コナカハグロトンボ　154, 159, 247
コナユスリカ属　1368, 1392
コナユスリカ属の1種　1393
コノシメトンボ　232, 236, 239
ゴノミア属　825
コハクヤマトビケラ属　462, 514, 517, 521
コバネアオイトトンボ　162, 163, 247
コバネクロカワゲラ　317, 319
コバネヒゲトガリコカゲロウ　106, 110, 111
コバヤシヤブカ　1063, 1071, 1073, 1173, 1248
コバントビケラ　661, 662
コバントビケラ属　465, 661, 662, 664
コバンムシ　360, 361
コバンムシ科　333, 360, 361
コヒゲナガトビケラ属　645, 648–650

コヒメユスリカ　1311, 1321, 1341
コヒメユスリカ属　1321, 1338, 1341
コブイトアメンボ　375, 376
コフキオオメトンボ　241, 242
コフキガガンボ属　850
コフキショウジョウトンボ　226, 227, 229
コフキトンボ　219, 230, 263
コフキトンボ属　218, 230
コフキヒメイトトンボ　172, 173, 249
コブセスジダルマガムシ類　745, 747
コブナシユスリカ属　1437
コブニンギョウトビケラ　638, 639, 642
コブニンギョウトビケラ属　638, 639, 642
コブハシカ属　1044, 1045
コマコヤマトビケラ　521
ゴマダラチビゲンゴロウ　722, 727
ゴマダラチビゲンゴロウ属　720, 722
ゴマダラヒゲナガトビケラ　646, 652, 655
コマツモムシ　364, 365, 366, 368
コマツモムシ亜科　365, 367, 368
コマドアミカ属　865, 866, 868, 910, 913, 914
コマドイミャクオドリバエ　1489, 1493, 1495, 1498
ゴマフアブ　1468, 1469, 1472, 1476, 1477
ゴマフアブ属　1468, 1472, 1478
ゴマフガムシ　760, 761
ゴマフガムシ亜科　751, 759
ゴマフガムシ属　752, 759, 760
ゴマフガムシ属の1種　761
ゴマフトビケラ　448, 586–588
ゴマフトビケラ属　587, 589
コマルガムシ　757, 761
コマルガムシ属　753, 754, 756
コマルケシゲンゴロウ　726
コマルシジミガムシ　755
コマルヒメドロムシ　775
コミズギワカメムシ　411, 413, 415, 417
コミズスマシ　740
コミズムシ　345, 350, 354, 356, 358
コミズムシ属　352, 354, 356, 358
コミドリカワゲラ属　306
コムラアブ　1468, 1470, 1472
コモリユスリカ　1312, 1313
コモンシジミガムシ　755
コモンナガレアブ　1456, 1458–1460
コモンヒメハネビロトンボ　244
コヤマトビケラ属　514, 517, 519
コヤマトンボ　210, 211, 259
コヤマトンボ属　209, 210
コリアスナッツトビケラ　601, 608
コンマタニガワトビケラ　531, 533–535

さ

サイカイヨスジキンメアブ　1467, 1472
サイグサイソペバエ　1645, 1651, 1652
ザウターホソクダトビケラ　546
サキグロコミズムシ　344, 350, 354, 356, 359
サキシマセスジゲンゴロウ　730
サキシマムネカクトビケラ　558, 559
サキシマモンヘビトンボ　434
サキシマヤブカ　1064, 1072, 1243
サキシマヤマトンボ　209, 258

サキシマヤンマ　185-187
サキジロカクイカ　1059, 1150, 1151
サキブトタニガワトビケラ　531-534
サキボソタニガワトビケラ　531-534
ササカワイソベバエ　1652
ササカワカイガンニセミギワバエ　1647, 1649
ササツヤユスリカ属　1373
ササナミツブゲンゴロウ　728, 729
ササユスリカ属　1354, 1361
サジオナガレトビケラ　482, 491
サツキヒメヒラタカゲロウ　139, 140, 143, 144
サッポロヤブカ　1064, 1068, 1069, 1165, 1240
サツマツノマユブユ　1290, 1292, 1293
サツマモンナガレアブ　1456-1460
サトイワトビケラ　561, 565
サトウカクツツトビケラ　603, 606, 610
サトウカラヒメドロムシ　777
サトウナガレトビケラ　483, 492
サトキハダヒラタカゲロウ　137, 142, 143
サトクロユスリカ　1410, 1411, 1418, 1429, 1432, 1438
サトクロユスリカ属　1417, 1430
サトコガタシマトビケラ　573, 575
サトモンオナシカワゲラ　314
サナエトンボ科　153, 180, 193
サハリンカワリシンテイトビケラ　554, 556
サハリンコエグリトビケラ　629, 630
サハリントビケラ　448, 621, 622, 626
サビキタヤチバエ　1628-1630, 1638
サビモンマルチビゲンゴロウ　724, 727
サホコカゲロウ　95, 96, 100, 101, 107
サメハダマルケシゲンゴロウ　726
サモアウミユスリカ　1394, 1396, 1401
サラサヤンマ　185, 251
サラサヤンマ属　183
サロベツナガケシゲンゴロウ　720
サワダキイロアブ　1472
サワダマメゲンゴロウ　732
サワヒメトビケラ　504, 508, 511
サワヒメトビケラ属　508, 511
サワユスリカ属　1354-1356, 1360
サンゴアメンボ　408
サンゴアメンボ科　333, 408
サンゴカメムシ　419, 420
サンゴカメムシ科　333, 419, 420
サンゴミズギワカメムシ　409, 411, 412
サンゴミズギワカメムシ族　411

し

ジェーンアシワガガンボ　844, 850
シオアメンボ　395, 405, 406
シオ亜属　1048, 1049, 1058
シオカラトンボ　181, 226-228, 261
シオカラトンボ属　222, 225
シオタニシッチエリユスリカ　1383
シオダマリセスジダルマガムシ　747
シオヤトンボ　226-228
シガイワトビケラ　553, 554, 556
シガイワトビケラ属　460, 553, 554
シコクオオクダトビケラ　546, 551
シコクカメノコヒメトビケラ　512, 513
シコククロサワドロムシ　775

ジゴクダニダルマガムシ　746
シコクダルマガムシ　746, 750
シコクトゲオトンボ　160
シコクニンギョウトビケラ　637, 639, 641
シコクヒメアミカ　877
シコクミズアブ　1448
シコツシマトビケラ　567, 569, 570
シコツトラフユスリカ　1333
シコツナガレトビケラ　478, 479, 484, 492
シジミガムシ　755
シジミガムシ亜属　755
シジミガムシ属　753-755
シスイホソカ属　985, 987
シタカワゲラ科　274-278, 309, 310
シタカワゲラ属　311
シッチエリユスリカ属　1382, 1391
シッチエリユスリカ属の1種　1394, 1401, 1404
ジッテミヤマイワトビケラ　560, 565
シナコガシラミズムシ　714
シナトゲバゴマフガムシ　760
シナノアミメナガレトビケラ　482, 490
シナノコカゲロウ　95
シナハマダラカ　1040, 1041, 1102, 1104, 1105
シナハマダラカ群　1040
シナミズメイガ　699, 701, 703, 705
シノギケミャクシブキバエ　1522-1524, 1526, 1530, 1533, 1535
シノナガカクイカ　1059, 1060, 1152, 1235
シノビアミメカワゲラ　282-284, 286, 288
シノビアミメカワゲラ属　290
シブキバエ亜科　1484, 1515, 1521, 1537, 1549, 1553
シブキバエ属の1種　1521
シブタニオオヤマスリカ　1316, 1351, 1352
シベリアコマルガムシ　757
シボッタテヒゲナガトビケラ　644
シマアカネ　181, 182, 220, 223, 261
シマアカネ属　219, 223
シマアシブトハナアブ　1599, 1602, 1605
シマアメンボ　395, 405, 407
シマカ　1029
シマカ亜属　1061, 1066, 1075, 1076
シマケシゲンゴロウ　720
シマケシゲンゴロウ属　719, 720
シマゲンゴロウ　735
シマゲンゴロウ属　733, 734
シマコミズムシ　344, 350, 354, 356, 357
シマシマヒメアミカ　883
シマチビゲンゴロウ　721, 727
シマチビゲンゴロウ属　720, 721
シマチラカゲロウ　117-119
シマチラカゲロウ亜属　117
シマトビケラ亜科　456, 572, 574, 576
シマトビケラ科　445-447, 455, 459, 461, 463, 466, 467, 469, 472, 567, 574, 578
シマトビケラ属　443, 444, 466, 467, 469, 472, 572, 574, 576, 579, 580-583
シマハナアブ　1597, 1602, 1603
シミズビロウドエリユスリカ属　1388, 1395
シミズビロウドエリユスリカ属の1種　1389, 1394, 1396
ジモトミヤマイワトビケラ　560, 565
ジャーシーアブ　1468, 1472

索　引

シャープゲンゴロウモドキ　737
シャープツブゲンゴロウ　729
ジャクソンイエカ　1050, 1052, 1054, 1129, 1231
シュマリハゴイタヒメトビケラ　506, 509
ジョウクリカワゲラ　297
ジョウザンエグリトビケラ　448, 619, 620, 625
ジョウザンエグリトビケラ属　613
鞘翅目　707
ショウジョウトンボ　231, 261
ショウジョウトンボ属　223, 230
シラカミコシボソガガンボ　946, 951, 952
シラキスカシアミカ　894
シラキヒメアブ　1471
シラゲニセミギワバエ　1646, 1647
シラゲニセミギワバエ属　1644-1646
シラセセトトビケラ　647, 656
シラハタコエグリトビケラ　629
シリキレエリユスリカ　1370
シリキレエリユスリカ属　1369, 1391
シリキレエリユスリカ属の1種　1393, 1401
シリナガコカゲロウ属　92-94, 97
シリナガマダラカゲロウ　37, 80, 81
シリナガマダラカゲロウ属　74, 80, 81
シリブトガガンボ科　839
シリブトガガンボ属　839
シリブトビロウドエリユスリカ属　1384, 1391
シリブトビロウドエリユスリカ属の1種　1386, 1401
シリブトユスリカ　1439
シロアシヒゲナガカワトビケラ　525, 527, 528
シロアシユスリカ　1419, 1433
シロイロカゲロウ科　34, 56, 57, 66
シロイロカゲロウ属　66
シロウズアミカ　898
シロウズギンモンアミカ　861, 897, 898-901, 911, 923, 924
シロウミアメンボ　395, 405-407
シロオビカニアナチビカ　1084, 1085, 1207
シロオビユスリカ属　1421
シロカゲロウ科　437-439
シロカタヤブカ　1064, 1071, 1074, 1176, 1251
シロスジカマガタユスリカ　1415
シロズシマトビケラ　446, 572, 575, 579, 580
シロスネアブ　1470, 1471, 1476
シロタニガワカゲロウ　43, 44, 49, 124-126, 131
シロツノカクツツトビケラ　601, 609
シロテンミズメイガ　704
シロハシイエカ　1050, 1052, 1053, 1126, 1229
シロハラコカゲロウ　40, 95, 96, 99, 101, 107
シロヒメユスリカ　1321, 1336
シロヒメユスリカ属　1321, 1335, 1336
シロフアツバエグリトビケラ　634-636
シロフアブ　1470, 1471, 1475-1477
シロフエグリトビケラ　448, 618, 619, 625
シロフエグリトビケラ属　613
シロフキリバネトビケラ　615, 626
シロフツヤトビケラ　567, 570
　PB シロフツヤトビケラ　569
シロフツヤトビケラ種群　569
シロフツヤトビケラ属　567, 568
シロフマルバネトビケラ　584, 585
シロヘリミズギワカメムシ　411, 413, 415, 417
シロミズメイガ　699, 701, 703, 704

シワムネマルドロムシ　749
シンシロオオヒメトビケラ　503, 508, 511
ジンツウササツヤユスリカ　1372
シンテイトビケラ　553-556
シンテイトビケラ科　457, 459, 460, 462, 468, 553, 555, 556
シンテイトビケラ属　460, 462, 468, 553, 554
シンボタニガワトビケラ　531-534

す

スイゴニセミギワバエ　1646, 1648
スイドウトビケラ　562, 564, 566
スイドウトビケラ属　562, 563
スカシアミカ　893
スカシヒロバカゲロウ　439-441
スキバチョウトンボ　243
スクレロプロクタ属　827
スジアシイエカ　1050-1052, 1119, 1226
スジカマガタユスリカ　1415
スジカマガタユスリカ属　1412, 1436
スジカマガタユスリカ属の1種　1439
スジゲンゴロウ　735, 737
スジトビケラ　616, 626
スジトビケラ属　616, 620, 622
スジヒメガムシ　756
スジヒメガムシ属　753, 754, 756
スジヒラタガムシ　758
スジヒラタガムシ属　752, 754, 758
スズキアシマダラブユ　1290, 1292, 1294
スズキキイロアブ　1468, 1470, 1472, 1473, 1477
スズキクサカワゲラ　283, 291, 292
スズキクラカワゲラ　302
スズキミジカオフタバコカゲロウ　93
スズキミヤマイワトビケラ　561, 565
スソビロウスバガガンボ　833, 836
スナアカネ　238
スナイロヤチバエ　1626, 1635
スナイロヤチバエ属　1613, 1625
スナッツトビケラ　600, 606-608
スネアカヒメドロムシ　776
スネグロマルヒメドロムシ　776

せ

セアカアメンボ　394, 400, 403, 404
セイリュウトラフユスリカ　1334
蜻蛉目　151
セキガワナガレトビケラ　488, 497
積翅目　271, 325
セグロトビケラ　615, 621, 626
セグロヒメカマオドリバエ　1513, 1514
セシロイエカ　1050, 1051, 1054, 1128
セジロウンモントビケラ　448, 585, 588
セスジアメンボ　393, 398, 401, 403
セスジイトトンボ　176-178
セスジガムシ　749
セスジガムシ科　742, 744, 749, 750
セスジガムシ属　749
セスジゲンゴロウ　731
セスジゲンゴロウ亜科　718, 719, 729
セスジゲンゴロウ属　729
セスジダルマガムシ　747, 750
セスジダルマガムシ属　745, 746

セスジダルマガムシ属の1種　750
セスジヌカユスリカ　1368
セスジマルドロムシ　749, 750
セスジミドリカワゲラ　307
セスジミドリカワゲラ属　304, 306
セスジミドリカワゲラ属の1種　277, 278, 305, 307
セスジミヤマタニガワカゲロウ　123, 124, 130
セスジヤチバエ属　1613-1615, 1623
セスジヤブカ　1065, 1067, 1068, 1155, 1236
セスジヤブカ亜属　1061, 1066, 1067, 1236-1240
セスジヤリバエ　1571
セスジユスリカ　1310, 1428
セダカガガンボ　816
セダカガガンボ属　814, 816
セダカクロユスリカ　1419
セダカヒメガガンボ　820
セトウミユスリカ　1369
セトオヨギユスリカ　1424, 1439
セトコブセスジダルマガムシ　748
セトトビケラ属　647-650
セトトビケラ族　647
セボリヤブカ　1063, 1070, 1073, 1171, 1246
セボリユスリカ属　1417, 1427
セマダライエバエ　1657, 1659
セマダライエバエ属　1659
セマダラヒメユスリカ属　1323, 1343, 1346
セマルガムシ　753
セマルガムシ属　752, 753
セマルヒメドロムシ　769, 775
セマルヒメドロムシ属　773, 775
セマルヒラタドロムシ属　766
セリーシマトビケラ　445, 573, 576, 579, 581
センカイトビケラ　645
センカイトビケラ属　645, 648-650
センカイトビケラ族　645
センタウミアメンボ　395, 405, 406
センチユスリカ　1372, 1389
センチユスリカ属　1388, 1391
センチユスリカ属の1種　1394
センブリ　431, 433
センブリ科　429, 430, 433
センブリ属　429, 430

そ

双翅目　791
ゾウムシ科　743, 744, 778, 779
ソトキマダラミズメイガ　699, 701-705
ソラヌマナガレフンバエ　1653

た

タイコウチ　335, 336
タイコウチ亜科　336
タイコウチ科　332-335
タイコウチ下目　334
ダイショウジアブ　1468, 1474
ダイセツクチナガヤセオドリバエ　1542-1545
ダイセツヤブカ　1028, 1065, 1067, 1068, 1158, 1236, 1237
ダイセンダルマガムシ　746
ダイセンマルヒメドロムシ　776
ダイセンヤマユ　1290, 1291, 1294, 1302
ダイトウシマカ　1062, 1075-1077, 1181
ダイミョウガガンボ属　800, 801, 804
ダイミョウコシボソガガンボ　944, 946-948, 953
タイリクアカネ　232-234, 237
タイリクアキアカネ　237
タイリクウンモントビケラ　585, 588
タイリククロスジヘビトンボ　431, 432, 435
タイリクショウジョウトンボ　230
タイリクヒラタカゲロウ属　121-123, 128
タイワンウチワヤンマ　194, 206, 254
タイワンウチワヤンマ属　193, 206
タイワンオオヒメトビケラ　508, 511
タイワンカクヒメトビケラ　508, 510
タイワンクチナガアミカ　926
タイワンクロスジヘビトンボ　434
タイワンケシゲンゴロウ　723
タイワンコオイムシ　337-339
タイワンコガシラミズムシ　714
タイワンコシボソガガンボ　946-948, 953
タイワンコヒゲナガトビケラ　645, 654
タイワンコミズムシ　345, 349, 354, 356, 357
タイワンコヤマトンボ　210, 212
タイワンシオカラトンボ　226, 228
タイワンシオヤトンボ　226-228
タイワンシマアメンボ　395, 405-407
タイワンシロフアブ　1476
タイワンセスジゲンゴロウ　730
タイワンタイコウチ　335, 336
タイワンタガメ　337, 338, 340
タイワンナガレトビケラ　484, 493
タイワンニンギョウトビケラ　638, 641
タイワンハグロトンボ属　155, 156
タイワンヒメアブ　1467, 1469, 1471
タイワンヒメヒラタカゲロウ　139, 140, 143, 144
タイワンヒラタドロムシ　767
タイワンマダラホソカ　983, 986, 989-991
タイワンマツモムシ　362-364, 366
タイワンミズギワカメムシ　411, 413, 415, 419
タイワンミヤマイワトビケラ　561, 565
タイワンモンカゲロウ　68-71
タイワンヨツクロモンミズメイガ　698, 700, 701
ダウンスシマカ　1062, 1076, 1078, 1259
タカギカイガンニセミギワバエ　1647, 1649
タカギケミャクシブキバエ　1522-1524, 1527, 1531, 1533, 1534, 1536
タカサゴモモブトハナアブ　1600, 1602, 1606
タカタユキユスリカ　1313, 1316, 1354, 1355, 1362
タカネケシヤマトビケラ　517, 521, 522, 524
タカネトンボ　214, 215, 216
タカハシクロカワゲラ　319
タカハシシマカ　1063, 1076, 1077, 1079, 1188, 1261
タカミコカゲロウ　95
タカムクミズメイガ　698, 699, 701, 703, 704
タガメ　337-339
タガメ亜科　339
タカラナガレカタビロアメンボ　381, 384, 389
タケウチコシボソガガンボ　946, 947, 949, 952
タケウチマダラヒメガガンボ　808, 836
タシタナガレトビケラ　478, 479, 486, 488, 495
タジマニンギョウトビケラ　638, 641
タチゲヒメフタマタアミカ　876, 877, 888, 889, 917, 919, 921

索　引

タテジマミズクサユスリカ　1410, 1411
タテスジマルヒメドロムシ　776
タテヒゲナガトビケラ属　467, 473, 643, 648-650
タテヤマヒメヒラタカゲロウ　46, 140, 143, 144
タテンハマダラカ　1039, 1099
タテンハマダラカ亜属　1038, 1039
タニガワカゲロウ属　121, 122, 124, 131-133
タニガワトビケラ　530, 531-534
タニガワトビケラ属　443, 468, 529, 531, 533, 534, 541, 543, 972
タニガワミズギワカメムシ　410, 412, 416
タニダミヤマトビケラ　617, 627
タニヒラタカゲロウ　126, 135, 136, 141, 142
タニユスリカ属　1353, 1356, 1357
タニユスリカ属の1種　1353
タバタクロスジヘビトンボ　432
ダビドサナエ　199, 200
ダビドサナエ属　195, 199
タベサナエ　201, 202
タマオバエ亜科　1541
タマガムシ　759, 761
タマガムシ亜科　751, 759
タマガムシ属　753, 759
タマガワナガドロムシ　764
タマガワフタバカゲロウ　107
タマケシゲンゴロウ　720
タマケシゲンゴロウ属　719, 720
タマニセテンマクエリユスリカ　1311
タマハヤセユスリカ　1312
タマミズムシ科　333, 363, 370
タマリフタバカゲロウ　102, 107, 108
タマリユスリカ　1318-1320, 1327
タマリユスリカ属　1320, 1324, 1327
ダルマガムシ科　742, 743, 745, 750
ダルマガムシ属　745
短角亜目　792
タンザワクダトビケラ　552
ダンダラヒメユスリカ　1315, 1316, 1320, 1321, 1325, 1326
ダンダラヒメユスリカ属　1321, 1324-1326
ダンダラマルヒゲヤチバエ　1617, 1619, 1634

ち

チェルノバマダラカゲロウ　35, 75, 76
チカイエカ　1053, 1123
チシマコエグリトビケラ　629, 630
チシマミズムシ　343, 348, 349, 353, 355
チシマヤブカ　1065, 1067, 1069, 1161, 1238
チチイロコカゲロウ　95
チチブカクヒメトビケラ　503, 508, 510
チトウクロユスリカ　1418
チトセハゴイタヒメトビケラ　506, 509
チノマダラカゲロウ　39, 86-88
チビアブ　1467, 1470, 1474
チビカ亜属　1084, 1086
チビカ属　1084
チビカ族　1043, 1083
チビカワトンボ　159, 160, 247
チビケシゲンゴロウ属　722, 724
チビゲンゴロウ　725
チビゲンゴロウ属　724, 725
チビゲンゴロウ族　719

チビコガシラミズムシ　714, 717
チビコツブゲンゴロウ　716
チビコツブゲンゴロウ属　715, 716
チビコマツモムシ　364-368
チビコマルガムシ　757
チビサナエ　203, 204
チビシジミガムシ　755
チビセスジゲンゴロウ　730
チビセトトビケラ　647, 656
チビゾウムシ属　779
チビナガレアブ　1461
チビヒゲナガハナノミ　768
チビヒゲナガハナノミ属　765
チビヒラタドロムシ属　765
チビマルガムシ　756
チビマルガムシ属　753, 754, 756
チビマルケシゲンゴロウ　726
チビマルハナノミ属　763
チビマルハナノミ属の1種　763
チビマルヒゲナガハナノミ　767, 768
チビマルヒゲナガハナノミ属　766, 767
チビミズムシ　341, 342, 346
チビミズムシ亜科　341, 345, 346
チャイナヒメトビケラ　501, 505
チャイロケシカタビロアメンボ　382, 383, 386, 391
チャイロシマチビゲンゴロウ　721
チャイロチビゲンゴロウ　725, 727
チャイロチビゲンゴロウ属　724, 725
チャイロミヤマタニガワカゲロウ　123, 130
チャバネヒゲナガカワトビケラ　525-528
チャマダラチビゲンゴロウ　725, 728
チャモンミズギワカメムシ　410, 412, 414
チュウガタマルケシゲンゴロウ　726
チュウブクロセンブリ　431-433
チュウブホソガムシ　748
チョウカイクロマメゲンゴロウ　732
チョウカイコエグリトビケラ　629
長角亜目　792
チョウセンオトヒメトビケラ　506, 511
チョウセンキタヤチバエ　1628, 1629, 1634
チョウセンハマダラカ　1040, 1041, 1102
チョウセンヒゲナガトビケラ　644, 653
チョウセンヒメトビケラ　502, 505
チョウトンボ　242
チョウトンボ属　218, 242
チョウバエ科　792, 935
チョウモウコヒゲナガトビケラ　645, 654
チョウユスリカ属　1335, 1337
チョウユスリカ属の1種　1337
直縫短角群　792
チラカゲロウ　42, 117-119
チラカゲロウ亜属　117
チラカゲロウ科　42, 56, 58, 117-119
チラカゲロウ属　117-119
チンメルマンセスジゲンゴロウ　729
チンリンセンカイトビケラ　645, 655

つ

ツクイミヤマイワトビケラ　561, 565
ツシマカクツツトビケラ　603, 610
ツシマコカゲロウ　95

1713

ツシマダルマガムシ　746
ツシマナガレトビケラ　489, 496
ツダエリユスリカ属　1387
ツダカクツツトビケラ　604, 611
ツダコエグリトビケラ　629, 630
ツダコタニガワトビケラ　529, 530
ツダコハクヤマトビケラ　517, 521, 522
ツダタニガワトビケラ　536, 537
ツダヒゲナガトビケラ　643, 650, 651, 653
ツダヒゲナガトビケラ属　643, 648, 649
ツダヒゲナガトビケラ族　643, 648
ツダユスリカ属の1種　1386
ツツイナガレカタビロアメンボ　381, 384, 389
ツツイヤマユスリカ　1357
ツナギアブ属　1467, 1474, 1478
ツノカクツツトビケラ　604, 611
ツノツツトビケラ　669
ツノツツトビケラ科　458, 460, 465, 669
ツノツツトビケラ属　465, 669
ツノフサカ亜属　1049, 1056
ツノマダラカゲロウ　37, 51, 81, 82, 84, 85, 87
ツノマユブユ属　1289, 1291, 1292, 1304
ツノミヤマイワトビケラ　560, 565
ツバメハルブユ　1288, 1291, 1293, 1302
ツバメハルブユ属　1291, 1292, 1302
ツバルハルブユ属　1304
ツブゲンゴロウ　728
ツブゲンゴロウ亜科　718, 719, 726, 728
ツブゲンゴロウ属　726, 728
ツブスジドロムシ　776
ツブスジドロムシ属　772, 774, 776
ツブミズムシ亜目　712, 741
ツブミズムシ科　741
ツブミズムシ属　741
ツマキレオオミズスマシ　741
ツマキレオナガミズスマシ　739
ツマグロアミカ　904
ツマグロアミカ属　924, 925
ツマグロイソハナバエ　1656
ツマグロトビケラ　448, 586-589
ツマグロトビケラ属　587, 589
ツマグロヤリバエ　1571
ツマトゲヒメガガンボ　819
ツマトゲヒメガガンボ属　811, 814, 819
ツマモンヒロバカゲロウ　439, 440, 441
ツメトゲブユ　1290, 1292, 1294
ツメナガナガレトビケラ　498, 499
ツメナガナガレトビケラ科　498
ツメナガナガレトビケラ属　461, 468, 471, 498
ツヤウミアメンボ　395, 405-407
ツヤガシラブユ　1290, 1292, 1294, 1302
ツヤケシマルヒメドロムシ　775
ツヤコツブゲンゴロウ　716, 717
ツヤコツブゲンゴロウ属　715, 716
ツヤセスジアメンボ　393, 398, 401, 403
ツヤドロムシ属　771, 774, 776
ツヤヒメガガンボ属　811, 815, 818
ツヤヒメガガンボ属の1種　813
ツヤヒメドロムシ　775
ツヤヒラタガムシ　757, 761
ツヤヒラタガムシ属　752, 754, 757

ツヤミズムシ　343, 348, 349, 353, 355
ツヤミズムシ族　348
ツヤミドリカワゲラ属　304, 306
ツヤミドリカワゲラ属の1種　307
ツヤムネユスリカ属　1431
ツヤムネユスリカ属の1種　1410, 1414, 1418, 1428, 1429, 1432, 1438
ツヤユスリカ属　1375, 1400, 1405
ツヤユスリカ属の1種　1370, 1403
ツルガハゴイタヒメトビケラ　506, 509
ツルギマルヒメドロムシ　775

て

ティーネマンキタケブカユスリカ　1311, 1312, 1315, 1316, 1350
テオノカクツツトビケラ　602, 609
テドリカユスリカ　1318, 1344
テドリカユスリカ属　1318, 1343, 1344
テラニシオナガミズスマシ　739
テラニシセスジゲンゴロウ　731
テンジクハネビロトンボ　244
テンマクエリユスリカ　1370
テンマクエリユスリカ属　1371, 1400
テンマクエリユスリカ属の1種　1397, 1403, 1404

と

トウキョウツヤヒメガガンボ　820
トウゴウカワゲラ　294, 302, 303
トウゴウカワゲラ属　295, 296, 300, 326
トウゴウヤブカ　1063, 1070, 1072, 1170, 1245
トウゴウヤブカ亜属　1061, 1066, 1070
トウホククロセンブリ　432
トウホクナガケシゲンゴロウ　720
トウホクミヤマシマトビケラ　571
トウホクミヤマトビケラ　618, 627
トウヨウイソベバエ　1650, 1652
トウヨウウスバキトビケラ　615, 626
トウヨウカクツツトビケラ　603, 611
トウヨウクサツミトビケラ　646, 652, 655
トウヨウグマガトビケラ　668
トウヨウスバキトビケラ　448
トウヨウマダラカゲロウ属　74-76
トウヨウモンカゲロウ　33, 68-71
トウヨウモンカゲロウ亜属　68, 69
トーヨーカトリバエ　1658-1660
トガコシアキヒメユスリカ　1348
トカチヤブカ　1065, 1067, 1069, 1160, 1238
トガトラフユスリカ　1334
トカラコマルガムシ　757
トカラコミズムシ　344, 350, 352, 354, 356, 357
トガリアメンボ　393, 396, 399
トガリアメンボ亜科　396, 399
トガリクロバネトビケラ　631
トガリコカゲロウ　95
トガリヒメバチ亜科　693
トガリビロウドエリユスリカ属　1379
トガリビロウドエリユスリカ属の1種　1380, 1393, 1401
トガリミジカオナガレトビケラ　482, 491
トクナガエリユスリカ属　1385, 1400
トクナガエリユスリカ属の1種　1386, 1397, 1404
トクナガコマドアミカ　861, 868, 869, 874, 914, 915

索　引

トクナガヤマトアミカ　874
トクノシマトゲオトンボ　161
トゲアシアメンボ　393, 398, 400, 403
トゲアシエリユスリカ　1370
トゲアシエリユスリカ属　1369, 1381, 1398
トゲアシエリユスリカ属の1種　1372, 1402
トゲアシナガミギワカメムシ　419, 420
トゲアシヒメガガンボ亜科　809, 812-815, 817, 820
トゲイソベバエ　1650, 1651
トゲイソベバエ属　1644, 1651
トゲエラカゲロウ属　59, 63
トゲエラカゲロウ属の1種　61
トゲエラトビイロコカゲロウ　103, 104, 109, 110
トゲオトンボ　161, 247
トゲオトンボ属　160
トゲオビロウドエリユスリカ属　1392
トゲオフチケガガンボ　818
トゲオマエキガガンボ　852
トゲクダトビケラ　545, 550
トゲクロバネトビケラ　628, 630, 631
トゲコマドアミカ　914-916
トゲスネケミャクシブキバエ　1521, 1524, 1531, 1536
トゲタニガワトビケラ属　535, 537, 538, 543
トゲヅメヒゲユスリカ属　1425, 1440
トゲトゲフタバコカゲロウ　95, 98
トゲトビイロカゲロウ　60-63
トゲナシコガタユスリカ属　1436
トゲナシコガタユスリカ属の1種　1415, 1439
トゲナシシブキバエ属　1519, 1554
トゲナベブタムシ　361, 362
トゲバゴマフガムシ　760
トゲハネアケボノシブキバエ　1516-1518
トゲバネイソネジレオバエ　1487, 1546, 1547
トゲヒメトビケラ　502, 505
トゲビロウドエリユスリカ　1389
トゲビロウドエリユスリカ属　1388
トゲホソカワゲラ属　321, 323, 327
トゲホソカワゲラ属の1種　322
トゲマダラカゲロウ属　73, 74, 77-79
トゲマルツツトビケラ　592-594, 596
トゲミズギワカメムシ　409, 413, 417
トゲムネナクトビケラ　558, 559
トゲムネユスリカ属の1種　1404
トゲモチヒゲナガトビケラ　644, 651, 653
トゲヤマユスリカ属　1351, 1352
トサカヒゲナガトビケラ　644, 653
トサムカシゲンゴロウ　717
トシオカアブ　1468, 1470, 1474, 1475
トダセスジゲンゴロウ　730
トチギミヤマトビケラ　448, 618, 624, 627
トチモトミヤマイワトビケラ　561, 565
トツカワコカゲロウ　95
トッキヒメタニガワトビケラ　540, 541
トビイロイエカ　1052
トビイロカゲロウ科　31, 57-59, 61, 62
トビイロカゲロウ属　59, 60
トビイロゲンゴロウ　736
トビイロコカゲロウ　109
トビイロコカゲロウ属　92, 93, 103, 104, 109
トビイロトビケラ　614, 619, 625
トビイロマルハナノミ　763

トビイロマルハナノミ属　763
トビイロヤンマ　184, 191
トビイロヤンマ属　183, 190
トビケラ科　448, 456, 459, 461, 463, 585, 586, 588
トビケラ目　449
トビケラヤドリユスリカ属　1406
トビケラヤドリユスリカ属の1種　1403
トビモンエグリトビケラ　617, 620, 624, 626
トビモンエグリトビケラ属　617, 618, 623, 625
トヤマクロセンブリ　432
トヨヒラコミズムシ　344, 352, 359
トラタニガワカゲロウ　124, 125, 133
トラフカクイカ　1059, 1234
トラフトンボ　213, 259
トラフトンボ属　212
トラフユスリカ属　1323, 1330, 1333, 1334
トランスクィラナガレトビケラ　447, 477, 480, 481, 483, 487, 494
ドロムシ科　743, 744, 769, 770
ドロムシ属　770
トワダオオカ　1028, 1089, 1222-1224
トワダカワゲラ科　274, 276, 308
トワダカワゲラ属　308
トワダナガレトビケラ　476, 477, 481, 490
トンガリミヤマイワトビケラ　561, 565
トンボ科　182, 218
トンボ目　151, 152

な

ナガアシドロムシ属　771, 773, 776
ナガイオオヤマユスリカ　1311, 1313, 1351, 1352
ナガイトトンボ属　168, 172
ナガエズミコエグリトビケラ　631, 632
ナガオカナガレトビケラ　480, 485, 488, 496
ナガカワゲラ属　295, 296, 300, 326
ナガカワゲラ属群　299
ナガカワゲラ属の1種　294, 297
ナカガワナガレトビケラ　478, 479, 485, 494
ナガクロカワゲラ属　316, 320
ナガケシゲンゴロウ　721, 727
ナガケシゲンゴロウ属　720
ナガケシゲンゴロウ族　719
ナガコブナシユスリカ属　1412, 1436
ナガコブナシユスリカ属の1種　1432, 1439
ナガサキトラフユスリカ　1334
ナカザトニセミギワバエ　1646, 1648
ナガスネカ属　1044-1046
ナガスネユスリカ属　1423, 1440
ナガスネユスリカ属の1種　1428, 1439
ナガチビゲンゴロウ　725, 728
ナガチビゲンゴロウ属　724, 725
ナガツノヒゲナガトビケラ　644, 653
ナカヅメヌマユスリカ属　1319, 1335, 1336
ナガトゲイワトビケラ　562, 566
ナガトゲカクヒメトビケラ　503, 507, 510
ナガトゲバゴマフガムシ　760
ナガドロムシ科　743, 744, 764, 767
ナカネダルマガムシ　747
ナガノタニガワトビケラ　541, 542
ナガハシカ属　1087
ナガハシカ族　1044, 1087

ナガハナノミ科　743, 744, 764
ナカハラシマトビケラ　573, 575, 579, 581
ナガヒメアミカ　886
ナカマミクロヒメトビケラ　504, 511
ナガマルチビゲンゴロウ　724
ナガミズムシ　343, 349, 351, 353, 355
ナガミドリカワゲラ属　306
ナガヤマミヤマイワトビケラ　561, 565
ナガレアシナガバエ属　1560, 1561
ナガレアブ科　794, 1455, 1456, 1458, 1460
ナガレアブ属　1457
ナガレエグリトビケラ　448, 616, 621-623, 626
ナガレエグリトビケラ属　616
ナガレカタビロアメンボ　381, 384, 389
ナガレツヤユスリカ属　1373, 1399
ナガレツヤユスリカ属の1種　1370, 1374, 1396, 1401
ナガレトビケラ科　445-447, 456, 458, 461, 462, 466, 468, 471, 474
ナガレトビケラ属　462, 466, 468, 474-477, 479-489
ナガレトビケラ属種群不明の1種　480
ナガレトビケラ属の1種　479, 480
ナガレトビケラの1種　477
ナガレネジレオバエ　1487, 1546
ナガレネジレオバエ属　1487, 1543
ナガレヒゲナガトビケラ　645, 650, 654
ナガレビロウドエリユスリカ属　1370, 1392
ナガレビロウドエリユスリカ属の1種　1393
ナガレホソカ群　1003
ナガレヤチバエ　1623, 1632, 1638
ナガレヤチバエ属　1613-1615, 1622
ナガレユスリカ属　1425, 1440
ナガレユスリカ属の1種　1433, 1439
ナキジンオオヒメトビケラ　503, 504, 508, 511
ナゴヤサナエ　194, 196, 197, 254
ナチセスジゲンゴロウ　731
ナツアカネ　234, 236, 237
ナツオオブユ　1289, 1291, 1293, 1301, 1303
ナツオオブユ亜属　1300
ナニワトンボ　235, 236, 239
ナバスヒメフタオカゲロウ　88
ナベブタムシ　361, 362
ナベブタムシ科　333, 360, 361
ナベワリタニガワトビケラ　539, 540
ナマリミナモオドリバエ　1485, 1507, 1509
ナマリミナモオドリバエ亜属　1500, 1509
ナミアミカ　891
ナミアミカ属　865, 890, 891, 910, 911, 921, 922
ナミアメンボ　394, 396
ナミイソアシナガバエ属　1562, 1563
ナミカ亜科　1025, 1043
ナミカ亜属　1048, 1049, 1051
ナミカ属　1044, 1045, 1048, 1049
ナミカ族　1043, 1044
ナミガタガガンボ属　831, 832
ナミカブトユスリカ　1311
ナミカワゲラ属　301
ナミキタヤチバエ　1628-1630
ナミケユキユスリカ　1355, 1362
ナミコガタシマトビケラ　573, 575, 578
ナミシブキバエ属　1486, 1519, 1549, 1552, 1553
ナミトビイロカゲロウ　31, 52, 60-63

ナミドロユスリカ　1308, 1315
ナミハナアブ　1595, 1597, 1602, 1603
ナミハナアブ族　1595
ナミヒメガガンボ属　810-812, 831, 832, 837
ナミヒメガガンボ属の1種　836
ナミヒラタカゲロウ　45, 126, 134-136, 141, 142
ナミフタオカゲロウ　41, 114-116
ナラカクツツトビケラ　444, 601, 607, 609
ナンセイカクツツトビケラ　604, 611
ナンセイヒメトビケラ　502, 505
ナンヨウベッコウトンボ　231
ナンヨウベッコウトンボ属　223, 231
ナンヨウヤブカ　1062, 1081, 1193, 1265
ナンヨウヤブカ亜属　1061, 1066, 1081

に

ニイガタスナツツトビケラ　601, 608
ニイガタツツトビケラ　590, 591, 593, 596
ニイタニガワトビケラ　541, 542
ニイツマホソケブカエリユスリカ　1377, 1393, 1394, 1397, 1403
ニシウスバセンブリ　430
ニシカワゲラ属　325
ニシカワヤブカ　1064, 1071, 1074, 1177, 1252
ニシキコバントビケラ　661, 662
ニシヒメニンギョウトビケラ　638, 641
ニシモトカクヒメトビケラ　508, 510
ニセアカウシアブ　1475, 1476
ニセアシマダラユスリカ　1419
ニセウスギヌヒメユスリカ　1323, 1332
ニセウスギヌヒメユスリカ属　1323, 1330, 1332
ニセウスバキトビケラ　615, 626
ニセエリユスリカ属　1378, 1382, 1395
ニセエリユスリカ属の1種　1369, 1380, 1383, 1396
ニセオグラヒメトビケラ　502, 505
ニセカンムリカクツツトビケラ　602, 609
ニセケバネエリユスリカ属　1378, 1407
ニセケバネエリユスリカ属の1種　1397
ニセコクロヒラタガムシ　758
ニセコケシゲンゴロウ　723
ニセコブナシユスリカ属　1412, 1436
ニセシロハシイエカ　1050, 1053
ニセスイドウトビケラ属　460, 554, 555
ニセセマルガムシ　753
ニセセンカイトビケラ　645, 651, 655
ニセタイワンヒメトビケラ　502, 505
ニセツヤユスリカ属　1375, 1399
ニセツヤユスリカ属の1種　1374, 1396
ニセテンマクエリユスリカ属　1385, 1405
ニセテンマクエリユスリカ属の1種　1394
ニセトゲアシエリユスリカ属　1395
ニセトゲアシエリユスリカ属の1種　1383, 1394, 1396, 1402, 1404
ニセナガレツヤユスリカ属　1375, 1400, 1405
ニセヒゲユスリカ属　1423, 1440
ニセヒゲユスリカ属の1種　1410, 1424, 1433, 1439
ニセヒメガガンボ科　792, 939
ニセヒメガガンボ属　939
ニセビロウドエリユスリカ　1401
ニセビロウドエリユスリカ属　1390, 1391
ニセビロウドエリユスリカ属の1種　1383, 1394

索　引

ニセヒロバネエリユスリカ　1386
ニセホソナガレアブ属　1457
ニセミギワバエ　1646, 1648
ニセミギワバエ亜科　1644
ニセミギワバエ科　794, 1643-1645
ニセミギワバエ属　1644-1648
ニセミヤマシマトビケラ属　571
ニセモンキマメゲンゴロウ　731
ニセユスリカ　1410, 1414, 1428, 1429
ニセユスリカ属　1408, 1430
ニセユスリカ族　1408, 1414, 1426
ニセルイスツブゲンゴロウ　729
ニチンカタヤマトビケラ　515, 517-519
ニッコウアミメカワゲラ　275, 278, 280, 282, 283, 285
ニッコウアミメカワゲラ属　287
ニッコウコエグリトビケラ　629, 630
ニッコウコシアキヒメユスリカ　1349
ニッポンアシマダラブユ　1295, 1296
ニッポンアシワガガンボ　850
ニッポンウスバアツバエグリトビケラ　634-636
ニッポンウスバキトビケラ　615, 626
ニッポンクダトビケラ　545, 550
ニッポンケブカエリユスリカ　1377, 1393, 1397, 1403
ニッポンコイワトビケラ　560, 566
ニッポンシロフアブ　1471, 1476
ニッポンセスジダルマガムシ　747
ニッポントゲバゴマフガムシ　762
ニッポンナガレトビケラ　446, 478, 479, 484, 493
ニッポンヒメコシボソガガンボ　946, 953-955
ニッポンフチケガガンボ　818
ニッポンホソカ　969, 972, 974, 983, 985, 986, 989, 991, 992, 1003, 1005, 1006
ニッポンミズスマシ　740
ニッポンヤマトビケラ　515, 517-519
ニッポンヤマブユ　1290, 1292, 1294, 1301, 1302
ニホンアミカ　891
ニホンアミカ属　921
ニホンカワトンボ　157, 158, 246
ニワナガレトビケラ　485, 493
ニンギョウトビケラ　637, 639, 640, 641, 692
ニンギョウトビケラ科　457, 460, 464, 467, 470, 473, 637, 639-642
ニンギョウトビケラ属　464, 467, 470, 473, 637-639

ぬ

ヌカカ科　794
ヌカビラカクツツトビケラ　602, 610
ヌカユスリカ属　1368, 1392
ヌカユスリカ属の1種　1393
ヌマカ属　1044, 1045, 1047
ヌマコヒゲナガトビケラ　645, 654
ヌマヒメトビケラ　502, 503, 505
ヌマユスリカ属　1319, 1340, 1342

ね

ネアカヨシヤンマ　187, 188, 251
ネキトンボ　232, 233, 239
ネクイハムシ属　779
ネグロセンブリ　431, 433
ネジレオバエ亜科　1546
ネジレバエ亜科　1543

ネジロミズメイガ　699, 701, 703-705
ネッタイイエカ　1050, 1051, 1053, 1121-1123
ネッタイシマカ　1063, 1076, 1077, 1079, 1186, 1187

の

ノギカワゲラ　278, 279, 281
ノギカワゲラ属　279, 280
ノコギリシリブトガガンボ属　842
ノコヒゲガガンボ属　849, 853
ノザキタニガワトビケラ　536, 537
ノザキトビケラヤドリユスリカ　1377, 1397
ノシメトンボ　235, 236, 239
ノムギタニガワトビケラ　531, 533-535
ノムラヒメドロムシ　769, 774
ノムラヒメドロムシ属　773, 774
ノリクラミヤマイワトビケラ　561, 565

は

ハイイロケミャクシブキバエ　1522-1525, 1527, 1528, 1531, 1532
ハイイロゲンゴロウ　734
ハイイロゲンゴロウ属　733, 734
ハイイロチビミズムシ　341, 342, 346
ハイイロニセミギワバエ　1646-1648
ハイイロマルヒゲヤチバエ　1617, 1619
ハイイロミズギワイエバエ　1658
ハイイロユスリカ　1411
ハエ目　1279
ハガマルヒメドロムシ　775
ハキナガミズアブ　1448
ハクサンヤブカ　1028, 1066, 1067, 1069, 1163, 1239
ハグロトンボ　156, 246
ハグロトンボ属　155, 156
ハケユスリカ　1410, 1414, 1433, 1438
ハケユスリカ属　1435
ハゴイタヒメトビケラ　503, 504, 506, 509
ハゴイタヒメトビケラ属　506, 509
ハコネヤリバエ　1571
ハゴロモイミャクオドリバエ　1489, 1491, 1494, 1498
ハセガワケシミズカメムシ　378, 379
ハセガワダルマガムシ　747
ハセガワドロムシ　769, 770
ハダカカワゲラ属　318, 327
ハダカカワゲラ属の1種　317, 319
ハダカニセテンマクエリユスリカ　1386, 1403
ハダカユスリカ　1383, 1386
ハダカユスリカ属　1384, 1400
ハダカユスリカ属の1種　1394
ハタモトガガンボ属　800, 801, 804
ハチジョウカイガンニセミギワバエ　1647, 1649
ハチ目　689
ハッチョウトンボ　229, 260
ハッチョウトンボ属　219, 229
ハットリカクヒメトビケラ　507, 510
ハットリスナツツトビケラ　601, 608
ハットリタニガワトビケラ　536, 537
バトエナンヨウブユ　1302
ハトリヤブカ　1062, 1070, 1072, 1169, 1244
ハナアブ科　794, 1595
ハナセマルツツトビケラ　592-594, 596
ハナダカコマツモムシ　363, -368

ハナダカトンボ　158
ハナダカトンボ科　155, 158
ハナダカトンボ属　158
ハナバエ科　796, 1655
ハナレメアケボノオドリバエ　1510-1513
ハナレメナミアミカ　891, 894, 895, 908, 921-923
ハナレメフタマタアミカ　876, 877, 883, 884, 917, 919, 920
ハネカ科　792, 929
ハネクスミドリカワゲラ属　306
ハネツツトビケラ　625
ハネツツトビケラ属　613
ハネナガクシヒゲガガンボ属　846
ハネナガチョウトンボ　243
ハネナシアメンボ　394, 397, 400, 402
ハネナシトビイロコカゲロウ　109, 110
ハネビロエゾトンボ　214, 215, 217, 258
ハネビロトンボ　221, 243, 244, 265
ハネビロトンボ属　222, 243
ハネホソミズメイガ属　697
ババアメンボ　394, 397, 399, 402
ババクロホソカ　967, 969, 984, 987, 988, 999, 1000, 1004, 1011, 1014, 1016
ハバビロガムシ亜科　751, 753
ハバビロトゲヒメユスリカ　1326
ハバビロドロムシ　772, 773
ハバビロドロムシ亜科　770, 772
ハバビロドロムシ属　771, 772
ハバヒロモンユスリカ　1345
ババホソカ　962
ババホタルトビケラ　614, 622, 625
ハボシカ属　1044, 1046
ハマダライエカ　1051, 1052, 1054, 1131, 1233
ハマダラカ　1029
ハマダラカ亜科　1025, 1038
ハマダラカ亜属　1039
ハマダラカ属　1038
ハマダラシブキバエ　1519
ハマダラナガスネカ　1047, 1113, 1114
ハマダラナガレアブ　1456-1460
ハマダラミナモオドリバエ亜属　1500, 1507, 1508
ハマダラミナモオドリバエ亜属の1種　1485
ハマダラミナモオドリバエ属の1種　1508
ハマナコカトリバエ　1658, 1660
ハマベヤブカ　1065, 1067, 1068, 1154
ハムグリユスリカ属　1422, 1426
ハムグリユスリカ属の1種　1410, 1429
ハムシ科　743, 744, 778, 779
ハモチクサツミトビケラ　646, 655
ハモンコシアキヒメユスリカ　1349
ハモンユスリカ属　1413, 1434
ハモンユスリカ属の1種　1428
ハヤセヒメユスリカ　1316, 1320-1322, 1346
ハヤセヒメユスリカ属　1322, 1343, 1346
ハラオビツノフサカ　1056, 1057
ハラグロカニアナチビカ　1085, 1208
ハラグロコミズムシ　344, 345, 350, 352, 354, 356, 358
ハラコブユスリカ属　1421, 1427
ハラジロオナシカワゲラ科　321
ハラジロオナシカワゲラ属　321
ハラジロヒメゾウムシ属　779
ハラビロトンボ　224, 225, 262

ハラビロトンボ属　219, 223
ハラホソカワゲラ属　321
ハラボソトンボ　220, 226
ハルノマルツツトビケラ　592, 593, 596
ハルノマルツツトビケラ属　595, 596
ハルノミヤマタニガワカゲロウ　123, 130
ハルホソカワゲラ属　321, 327
ハルホソカワゲラ属の1種　322
ハンエンカクツツトビケラ　604, 611
半翅目　329

ひ

ヒウラカクツツトビケラ　603, 611
ヒエイコヤマトビケラ　521
ヒカゲユスリカ　1418, 1429, 1432
ヒカゲユスリカ属　1416, 1430
ヒカゲユスリカ属の1種　1411
ヒガシウスバセンブリ　430, 433
ヒガシヒゲナガヤチバエ　1627, 1633
ヒガシヤマクダトビケラ　546, 550
ヒゲエリユスリカ属の1種　1396, 1403
ヒゲズライミャクオドリバエ　1489, 1491, 1494, 1497
ヒゲトガリコカゲロウ　106, 110, 111
ヒゲトガリコカゲロウ属　92, 93, 106, 110
ヒゲナガガガンボ属　811, 814, 816
ヒゲナガガガンボ属の1種　815
ヒゲナガカワトビケラ　444, 525-528
ヒゲナガカワトビケラ科　456, 458, 462, 466, 468, 471, 525-527
ヒゲナガカワトビケラ属　462, 466, 468, 471, 525
ヒゲナガサシアブ　1468, 1472, 1476
ヒゲナガサシアブ属　1468, 1472, 1478
ヒゲナガトビケラ亜科　643, 648
ヒゲナガトビケラ科　456, 460, 464, 467, 470, 473, 643, 650-656
ヒゲナガトビケラ属　644, 648, 649
ヒゲナガトビケラ族　644
ヒゲナガハナノミ　764
ヒゲナガハナノミ科の1種　764
ヒゲナガハナノミ属　765
ヒゲナガヒラタドロムシ　768
ヒゲナガヒラタドロムシ属　766
ヒゲナガヤチバエ　1627, 1635-1637
ヒゲナガヤチバエ属　1613, 1614, 1626
ヒゲブトオオフタマタアミカ　876, 877, 880, 882, 917, 918, 920
ヒゲブトコツブゲンゴロウ　716
ヒゲボソオオフタマタアミカ　876, 877, 880, 881, 911, 916, 918, 920
ヒゲユスリカ属　1424, 1425, 1440
ヒゲユスリカ族　1408, 1426, 1439
ヒゲユスリカ属の1種　1424, 1439
ヒゴクロバネトビケラ　630, 631
ヒコサンセスジゲンゴロウ　730
ヒコサンホソカ　983, 986, 987, 989, 995
ヒサゴヌマヤブカ　1065, 1068, 1070, 1166
ヒシハムシ属　779
ヒシモンユスリカ　1314, 1414
ヒトスジキソトビケラ　665-667
ヒトスジシマカ　1062, 1075-1078, 1183, 1184, 1257
ヒトスジミナモオドリバエ　1485, 1505, 1506

ヒトスジミナモオドリバエ亜属　1486, 1500, 1504
ヒトホシクラカワゲラ　303
ヒトリガカゲロウ　42, 120, 121
ヒトリガカゲロウ科　42, 56, 57, 120, 121
ヒトリガカゲロウ属　120, 121
ヒナヤマトンボ　211
ヒヌマイトトンボ　154, 173, 174, 249
ヒヌマセトトビケラ　647, 656
ヒメアカネ　233, 234, 238
ヒメアシマダラブユ　1290, 1292, 1295, 1296, 1301
ヒメアシマダラブユ群　1295
ヒメアシマダラブユ種群　1290, 1294
ヒメアブ属　1467, 1471, 1478
ヒメアミカ　886
ヒメアミカ属　916
ヒメアミメカワゲラ　285, 286
ヒメアミメカワゲラ属　280, 284, 287, 325
ヒメアミメトビケラ　448, 588, 589
ヒメアミメトビケラ属　587
ヒメアメンボ　394, 397, 399, 402
ヒメイトアメンボ　375-377
ヒメイトトンボ　172, 173
ヒメイトトンボ属　170, 172
ヒメイミャクオドリバエ　1489, 1493, 1495, 1498
ヒメウスイロミズギワカメムシ　411, 413, 415, 418
ヒメウスバコカゲロウ　110
ヒメウスバコカゲロウ属　92, 93, 105, 110
ヒメエリユスリカ属　1381, 1399
ヒメエリユスリカ属の1種　1372, 1383, 1396, 1397, 1403
ヒメガガンボ亜科　809, 826, 828-831, 834, 836
ヒメガガンボ科　792, 807, 809
ヒメガガンボ属　831
ヒメカスリヒメガガンボ　820
ヒメカマオドリバエ属　1484, 1513, 1549, 1553
ヒメカマオドリバエ属の1種　1486
ヒメカマミナモオドリバエ　1506
ヒメガムシ　759
ヒメガムシ属　752, 758, 759
ヒメカワゲラ属　280, 284, 290, 325
ヒメカワゲラ属の1種　277, 278, 283, 285, 286
ヒメカワトンボ属　159
ヒメキトンボ　219, 230, 262
ヒメキトンボ属　218, 230
ヒメギンヤンマ　193
ヒメギンヤンマ属　193
ヒメクシバエリユスリカ　1380
ヒメクダトビケラ　545, 549, 551
ヒメクダトビケラ属　545, 547, 548, 551
ヒメクチナガヤセオドリバエ　1542-1545
ヒメクロサナエ　194, 201, 256
ヒメクロサナエ属　195, 201
ヒメクロホソカ　969, 972, 974, 976, 984, 987, 999, 1004, 1014, 1015
ヒメクロホソカ近似種　1014
ヒメクロユスリカ　1393, 1401, 1404
ヒメケシゲンゴロウ　723
ヒメケバコブユスリカ　1415
ヒメケバコブユスリカ属　1412
ヒメゲンゴロウ　733
ヒメゲンゴロウ亜科　718, 719, 732
ヒメゲンゴロウ属　732

ヒメコガシラミズムシ　715, 717
ヒメコガシラミズムシ属　713, 714
ヒメコガタユスリカ　1414, 1439
ヒメコシボソガガンボ亜科　943, 944, 953, 954
ヒメコシボソガガンボ属　954, 955
ヒメコマツモムシ　364, -366, 368, 369
ヒメコミズムシ　344, 345, 349, 351, 354, 356
ヒメコミズメイガ　698, 700, 702
ヒメサナエ　194, 204, 257
ヒメサナエ属　195, 204
ヒメシジミガムシ　755
ヒメシジミガムシ亜属　755
ヒメシマチビゲンゴロウ　721
ヒメシロカゲロウ科　34, 56, 58, 69, 72, 73
ヒメシロカゲロウ属　73
ヒメシロカゲロウ属の1種　34, 72
ヒメセスジアメンボ　393, 401, 403, 404
ヒメセトトビケラ　650, 652, 656
ヒメセトトビケラ属　647-649
ヒメセマダライエバエ　1658, 1659
ヒメセマルガムシ　753
ヒメタイコウチ　334-336
ヒメタニガワカゲロウ　44, 124, 125, 133
ヒメタニガワトビケラ属　462, 538-543
ヒメタニガワトビケラ属の1種-1　539
ヒメタニガワトビケラ属の1種-2　539
ヒメタニガワトビケラ属の1種-3　539
ヒメタニガワトビケラ属の1種-4　539
ヒメツヤドロムシ属　772, 774, 777
ヒメトゲエラカゲロウ　63
ヒメトビイロカゲロウ　31, 60-62
ヒメトビイロカゲロウ亜属　60
ヒメトビイロカゲロウ属　59, 60
ヒメトビイロトビケラ　614, 619, 622, 625
ヒメトビケラ科　455, 458, 462, 468, 500
ヒメトビケラ属　468, 501, 503, 505
ヒメドロムシ亜科　770, 773
ヒメドロムシ科　743, 744, 769, 770
ヒメトンボ　222, 231, 232, 261
ヒメトンボ属　223, 231
ヒメナガカワゲラ　296, 298
ヒメナガカワゲラ属　326
ヒメナガクロカワゲラ　317, 319
ヒメナガレアブ属　1457
ヒメナミアミカ　861, 891, 892, 911, 921-923
ヒメニセコブナシユスリカ　1415
ヒメニンギョウトビケラ　638-641
ヒメノギカワゲラ　279, 281
ヒメノギカワゲラ亜科　279
ヒメノギカワゲラ属　279
ヒメハイイロユスリカ　1428
ヒメバチ科　689
ヒメハネビロトンボ　243, 244
ヒメハバビロドロムシ　769, 772, 773
ヒメハマダラミナモオドリバエ　1507, 1508
ヒメハマダラミナモオドリバエ属の1種　1508
ヒメヒゲナガハナノミ属　765
ヒメヒラタカゲロウ　139, 140, 143, 144
ヒメヒラタカゲロウ属　122, 139, 140, 143, 144
ヒメヒラタカゲロウ属の1種　139, 144
ヒメヒラタドロムシ　767

ヒメフタオカゲロウ　88-91
ヒメフタオカゲロウ科　40, 57, 59, 88-90
ヒメフタオカゲロウ属　88-90
ヒメフチトリゲンゴロウ　737
ヒメホソサナエ　181, 196, 205, 257
ヒメホソミナモオドリバエ　1485, 1507, 1509
ヒメホソミナモオドリバエ亜属　1500, 1509
ヒメマダラミズメイガ　699, 700, 703-705
ヒメマダラヤチバエ　1624, 1632, 1635
ヒメマルガムシ属　754, 756
ヒメマルヒラタドロムシ　767, 768
ヒメマルミズムシ　363, 369
ヒメミズカマキリ　335-337
ヒメミズギワカメムシ　410, 413, 415, 417
ヒメミズスマシ　740
ヒメミドリカワゲラ属　304, 306
ヒメミルンヤンマ　186, 187
ヒメモンナガレアブ　1458, 1459, 1461
ヒメリスアカネ　236, 239
ヒュウガクロアブ　1468, 1474
ヒュウガコカゲロウ　95
ヒラアシタニユスリカ　1357
ヒラアシユスリカ属　1317, 1330, 1332
ヒラアタマスナツツトビケラ　601, 608
ヒラサナエ　199-201
ヒラシマナガレカタビロアメンボ　381, 384, 388
ヒラタオオミズギワカメムシ　410, 412
ヒラタカゲロウ科　43-46, 56-58, 121, 127-139
ヒラタカゲロウ属　121, 122, 126, 134-136, 141
ヒラタガムシ属　752, 754, 758
ヒラタコエグリトビケラ　628-630
ヒラタドロムシ　767, 769
ヒラタドロムシ科　743, 744, 765, 768, 769
ヒラタドロムシ属　765, 767
ヒラタヒゲナガヤチバエ　1627
ヒラタヒメゲンゴロウ属　731, 732
ヒラタマメゲンゴロウ属　732
ヒラタミズギワカメムシ　414
ヒラヤマミズアブ　1448
ヒラヤマミヤマイワトビケラ　561, 565
ヒロアタマナガレトビケラ　446, 477, 480, 481, 485, 489, 496
ビロウドエリユスリカ　1372
ビロウドエリユスリカ属　1371, 1392
ビロウドエリユスリカ属の1種　1369
ヒロオイズミコエグリトビケラ　631, 632
ヒロオカクツツトビケラ　603, 610
ヒロオビオニヤンマ　208
ヒロカワゲラ科　279
ヒロシマサナエ　199, 201
ヒロシマハゴイタヒメトビケラ　506, 509
ヒロシマリュウコツブユ　1289, 1292, 1293, 1301, 1302
ヒロトゲブカエリユスリカ属　1376
ヒロトゲケブカブカエリユスリカ属　1406
ヒロバアケボノシブキバエ　1516-1518
ヒロバカゲロウ　440, 441
ヒロバカゲロウ科　437, 439, 440
ヒロバネアミメカワゲラ　282-286
ヒロバネアミメカワゲラ属　287
ヒロバネアミメカワゲラ族　287
ヒロバネトビイロコカゲロウ　103, 104, 109, 110

ヒロムネカワゲラ亜科　280
ヒロムネカワゲラ科　274, 276-279, 281
ビワアシエダトビケラ　661, 663, 664
ビワコエグリトビケラ　444, 629
ビワコシロカゲロウ　34, 49, 66-68
ビワコヒメシロカゲロウ　72, 73
ビワセトトビケラ　645, 651, 654
ビワヒゲユスリカ　1424
ビワヒゲユスリカ属　1423, 1441
ビワヒゲユスリカ属の1種　1439
ビワフユユスリカ　1386, 1393, 1394, 1396

ふ

不均翅亜目　152, 180
フクイカメノコヒメトビケラ　512, 513
フサアシアケボノオドリバエ　1510-1513
フサオナシカワゲラ亜科　315
フサオナシカワゲラ属　311-313, 315
フサオナシカワゲラ属の1種　278
フサカ科　792
フサカケヤマユスリカ　1353, 1358
フサヒゲガガンボ属　846
フサヒゲヤチバエ　1621, 1632, 1634
フサヒゲヤチバエ属　1613, 1614, 1621
フサユキユスリカ属　1355, 1361, 1362
フジツボベッコウバエ　1609
フジノタニガワトビケラ　539, 540
フタイロコチビミズムシ　341, 342, 347
フタイロコバネケシミズカメムシ　377-379
フタエユスリカ　1370, 1396, 1403
フタエユスリカ属　1369, 1399
フタオカゲロウ科　41, 57, 59, 114-116
フタオカゲロウ属　114-116
フタオコカゲロウ　95, 107
フタオセンブリ　432
フタオビユスリカ　1329
フタガタハナアブ　1602
フタガタハラブトハナアブ　1600, 1606
フタキボシケシゲンゴロウ　724, 727
フタクロホシチビカ　1084, 1085, 1209, 1210
フタクロホシチビカ亜属　1084
フタコブマダラカゲロウ　36, 77-79, 81
フタスジアブ　1474
フタスジキソトビケラ　665-667
フタスジキソトビケラ属　465
フタスジクサカワゲラ　278, 283, 291, 292
フタスジサナエ　194, 201, 202
フタスジツヤユスリカ　1370, 1374, 1393, 1394, 1401
フタスジモンカゲロウ　33, 68-71
フタスジヤチバエ　1616, 1631, 1636
フタスジヤチバエ属　1613, 1614, 1616
フタタマオナガレトビケラ　478, 479, 485, 493
フタツメカワゲラ　278, 303
フタツメカワゲラ属　295, 296, 304
フタツメカワゲラ族　304
フタツメカワゲラ属の1種　302, 303
フタツメカワゲラモドキ属　300
フタトゲアケボノシブキバエ　1486, 1516-1518
フタトゲミヤマヤマトアミカ　869
フタバカゲロウ　40, 102, 107, 108
フタバカゲロウ属　92, 93, 102, 107

索　引

フタバコカゲロウ　40, 52, 95, 98
フタバコカゲロウ属　92, 93, 95, 98
フタマタアミカ属　865, 875, 876, 909, 910, 916, 918, 919
フタマタイズミコエグリトビケラ　631, 632
フタマタトゲタニガワトビケラ　536, 538
フタマタニセビロウドエリユスリカ　1389
フタマタマダラカゲロウ　36, 77-79, 81
フタメカワゲラ属　304
フタモンコカゲロウ　95, 96, 101, 107
フタモンツヤユスリカ　1374
フチケガガンボ属　810, 814, 818
フチトリゲンゴロウ　737
フチトリベッコウトンボ　231
ブチマルヒゲヤチバエ　1617, 1618, 1631, 1634
ブドウコヤマトビケラ　517, 519, 521
フトオウスギヌヒメユスリカ　1346
フトオクロカワゲラ　316
フトオクロカワゲラ属　320
フトオダンダラヒメユスリカ　1325, 1326
フトオヒゲユスリカ　1424
フトオヒゲユスリカ属　1423
フトオヒメニンギョウトビケラ　638, 639, 641
フトオヤブカ亜属　1061, 1066, 1082
フトオシマツノフサカ　1056, 1139, 1140
フトトゲイズミコエグリトビケラ　631, 632
フトヒゲカクツツトビケラ　603, 606, 610
フトヒゲコカゲロウ属　92, 93, 103, 108
フトヒゲトビケラ科　458, 460, 461, 465, 470, 665, 666, 667
フトヒゲユスリカ属　1440
フナツキコケヒメトビケラ　507, 511
ブナノキヤブカ　1063, 1070, 1074, 1178, 1253
ブユ亜科　1303
ブユ科　794, 1279, 1282, 1303, 1305
ブユ属　1284
フユナガレツヤユスリカ　1372
フユナガレツヤユスリカ属　1373
フユユスリカ属　1387, 1398
フユユスリカ属の1種　1386
フライソンアミメカワゲラ　282-284, 288
プライヤーヒロバカゲロウ　439-441
ブランコエリユスリカ　1396, 1402
フリントナガレトビケラ　476, 482, 490
フローレンスコカゲロウ　94
フンバエ科　796, 1653

へ

ヘイケボタル　777, 778
ヘイワナガレトビケラ　485, 494
ヘカチエゾタニガワカゲロウ　123
ベッコウガガンボ属　846
ベッコウトンボ　224, 225, 262
ベッコウバエ科　796, 1609
ベニイトトンボ　170, 171, 248
ベニトンボ　221, 222, 240, 264
ベニトンボ属　222, 240
ベニヒメトンボ　231, 232
ヘビトンボ　431, 434, 435
ヘビトンボ亜科　429, 430
ヘビトンボ科　429, 435
ヘビトンボ属　429, 434
ヘビトンボ目　429

ベフミヤマトビケラ　618, 627
ヘラカクツツトビケラ　603, 610
ヘラクサツミトビケラ　646, 655
ヘラコチビミズムシ　341, 342, 346, 347
ヘリグロミズカメムシ　371-374
ベレクンダナガレトビケラ　485, 494

ほ

ホウキミヤマイワトビケラ　561, 565
ホウライヒメクダトビケラ　545, 551
ボカシヌマユスリカ　1310, 1317, 1320, 1339
ホクリクカクツツトビケラ　602, 609
ホシシロカゲロウ　438, 439
ホシスナツツトビケラ　601, 608
ホシマルミズムシ　363, 369, 370
ホシミズギワカメムシ　411, 413, 415, 417
ホシメハナアブ　1598, 1602, 1604
ホソアカトンボ　182, 223, 260
ホソアカトンボ属　219, 223
ホソオドリバエ属　1487
ホソオナガナガレトビケラ　477-479, 486, 489, 494
ホソオビヒメガガンボ属　800, 801
ホソオユスリカ　1419, 1433
ホソオユスリカ属　1420, 1434, 1435
ホソカ　959
ホソカ科　792, 957, 959, 961, 962, 967, 970, 972, 974, 1005, 1008, 1011, 1013
ホソガガンボ属　846
ホソカ属　959, 969, 976, 983-987, 989, 991, 1006
ホソガムシ　748
ホソガムシ科　742, 744, 748, 750
ホソガムシ属　748
ホソガムシ属の1種　750
ホソカワゲラ科　275, 276-278, 321, 322, 327
ホソカワゲラ属　323
ホソキマルハナノミ　764
ホソクサカワゲラ　282, 283, 288, 289
ホソクダトビケラ亜科　546
ホソクダトビケラ属　468, 546-548
ホソクロマメゲンゴロウ　732
ホソケブカエリユスリカ属　1376, 1407
ホソケミャクシブキバエ　1522-1525, 1528, 1532
ホソコツブゲンゴロウ　718
ホソコツブゲンゴロウ属　716, 718
ホソゴマフガムシ　760
ホソサナエ属　195, 205
ホソシリブトガガンボ属　842
ホソセスジゲンゴロウ　730
ホソダルマガムシ　746, 750
ホソトゲヒメユスリカ　1326
ホソナガレアブ属　1457
ホソバトビケラ　657-659
ホソバトビケラ科　458, 460, 465, 470, 657-659
ホソバトビケラ属　465, 470, 657
ホソバネヤチバエ属　1613, 1614, 1621
ホソバマダラカゲロウ　38, 81-83, 85, 87
ホソヒメガガンボ　819, 820
ホソヒメガガンボ属　810, 815, 819
ホソマルチビゲンゴロウ　724
ホソミイズミコエグリトビケラ　631, 632
ホソミイトトンボ　169, 174, 249

ホソミイトトンボ属　170, 174
ホソミオツネントンボ　163, 164, 247
ホソミオツネントンボ属　161, 164
ホソミシオカラトンボ　226-228
ホソミセスジアメンボ　393, 398, 401, 403
ホソミモリトンボ　214, 215
ホソミユスリカ　1438
ホソミユスリカ属　1413, 1430, 1431
ホソミユスリカ属の1種　1429
ホタル科　742, 744, 777, 778
ホタルトビケラ　448, 614, 619, 622, 625
ホタルトビケラ亜科　613, 625
ホタルトビケラ属　613, 620, 623
ホッカイドウナガレトビケラ　447, 476, 477, 481, 490
ホッカイムネカクトビケラ　558, 559
ホッカイヤチバエ　1624, 1633
ホッケミズムシ　343, 349, 351
ホッコクヤブカ　1081, 1198, 1199, 1268
ホテイコミズムシ　344, 350, 351, 354, 356
ホソクチシブキバエ属　1540
ホホナガシブキバエ属　1484, 1538
ホホナガシブキバエ属の1種　1537, 1539
ホルバートアブ　1472, 1473
ホルバートケシカタビロアメンボ　381, 382, 386, 391
ホンサナエ　194, 197, 255
ホンサナエ属　195, 197
ホンシュウセスジダルマガムシ　747
ホンシュウチビマルヒゲナガハナノミ　767

ま

マイコアカネ　232-234, 238
マイコガガンボ属　811, 824, 829, 832
マエキガガンボ　844, 852
マエキガガンボ属　846, 849, 851, 852
マエグロヒメフタオカゲロウ　40, 88-91
マエモンウスバキトビケラ　615, 626
マガリイズミコエグリトビケラ　631, 632
マガリウンモントビケラ　585, 588
マガリカメノコヒメトビケラ　512, 513
マカルチェンコトゲヒメユスリカ　1326
マキオホソヒメガガンボ　819
マキナガレトビケラ　487, 489
膜翅目　689
マクファレンチビカ　1086, 1214, 1215
マクレガーガガンボ属　846
マサキルリモントンボ　167, 168
マスダドロムシ　768
マスダドロムシ属　765
マダラアシミズカマキリ　335-337
マダラオオミズギワカメムシ　410, 412, 414
マダラオビヒメガガンボ　802
マダラオビヒメガガンボ属　800
マダラガガンボ　845, 856
マダラカゲロウ科　35-39, 56, 58, 73, 76-78, 80, 83-86
マダラカゲロウ属　74, 81-85
マダラケシカタビロアメンボ　381, 383, 387
マダラゲンゴロウ　735
マダラゲンゴロウ属　734, 735
マダラコガシラミズムシ　715
マダラコブハシカ　1045, 1046
マダラシマゲンゴロウ　735

マダラナニワトンボ　235, 236, 239
マダラヒメガガンボ属　832
マダラホソカ　962, 963, 965, 967, 968, 970, 972, 974, 976, 983, 985, 986, 988-991, 1003-1006, 1008, 1009, 1011
マダラミズカメムシ　371-373
マダラミズメイガ　695, 699, 700, 703-705
マダラミズメイガ属　696
マダラヤチバエ　1625, 1635
マダラヤチバエ属　1613-1615, 1625
マダラヤンマ　189, 190
マツイヒメトビケラ　501, 504, 505
マツムラヒメアブ　1467, 1469, 1471, 1473, 1477
マツムラヒラタカゲロウ　45, 126, 135, 136, 142
マツモトアブ　1474
マツモムシ　362, 363, 367
マツモムシ亜科　366
マツモムシ科　333, 362-365
マドオエリユスリカ属　1382, 1384, 1385, 1390
マドオエリユスリカ属の1種　1383, 1394
マドガガンボ　845, 847, 848, 857
マメガムシ　762
マメガムシ属　752, 759, 762
マメゲンゴロウ　732, 737
マメゲンゴロウ亜科　718, 719, 731, 737
マメゲンゴロウ属　731, 732
マヤコハクヤマトビケラ　521, 522
マヤナガレトビケラ　487
マユタテアカネ　233, 234, 238
マリツキイワトビケラ　562, 566
マルオユスリカ属　1413, 1427
マルガタアブ　1467, 1469, 1471, 1473
マルガタアブ属　1466, 1471, 1478
マルガタゲンゴロウ　735, 737
マルガタゲンゴロウ属　734, 735
マルガタシマチビゲンゴロウ　721, 727
マルガタシマチビゲンゴロウ属　720, 721
マルガムシ　756, 761
マルガムシ亜科　751, 753
マルガムシ属　752, 754, 756
マルケシゲンゴロウ　726
マルケシゲンゴロウ属　725, 726
マルケシゲンゴロウ族　719, 725
マルコガシラミズムシ　714
マルコガタノゲンゴロウ　736
マルシジミガムシ亜属　755
マルズヤチバエ　1620, 1631, 1636
マルズヤチバエ属　1612-1614, 1620
マルタンヤンマ　190, 191, 253
マルチビガムシ　758, 761
マルチビガムシ属　754, 758
マルチビゲンゴロウ　724
マルチビゲンゴロウ属　724
マルツットビケラ　443, 592, 593, 595, 596
マルツットビケラ属　594, 596
マルドロムシ科　742, 744, 748, 750
マルドロムシ属　749
マルドロムシ属の1種　750
マルナガアシドロムシ　769
マルハナノミ科　742, 744, 762, 763
マルハナノミ属　762, 763
マルバネトビケラ　584

索　引

マルバネトビケラ科　457, 459, 463, 469, 473, 584
マルバネトビケラ属　463, 469, 473, 584
マルヒゲアブ　1468, 1469, 1472, 1473
マルヒゲナガハナノミ属　766
マルヒゲヤチバエ属　1613, 1614, 1616
マルヒメドロムシ属　771, 773, 775
マルヒラタガムシ　758
マルヒラタドロムシ　766, 768
マルヒラタドロムシ属　765, 766
マルミコブナシユスリカ　1433
マルミズムシ　363, 369
マルミズムシ科　333, 363, 369
マロックカイガンニセミギワバエ　1647
マンシュウアカネ　237
マンシュウイトトンボ　154, 174, 175
マンシュウシロフアブ　1470, 1471, 1476

み

ミイロマルヒゲヤチバエ　1617, 1620
ミエハゴイタヒメトビケラ　506, 509
ミエミヤマブユ　1292, 1293
ミエヤマブユ　1299-1302, 1304
ミカドガガンボ　844, 847, 849
ミカドガガンボ属　846, 849
ミギヒメトビケラ　502, 505
ミギワバエ科　794, 1645
ミクロヒメトビケラ　502, 504, 511
ミサキツノトビケラ　643, 650, 651, 653
ミジカオオカワゲラ科　309
ミジカオオカワゲラ属　311
ミジカオクロカワゲラ　317
ミジカオクロカワゲラ属　316, 318, 320
ミジカオタニガワトビケラ　530, 541, 542
ミジカオナガレトビケラ　488, 497
ミジカオフタバコカゲロウ　93, 94, 97
ミジカオフタバコカゲロウ属　92-94, 97
ミジカオユスリカ　1418, 1433
ミジカオユスリカ属　1420, 1434
ミジンダルマガムシ　745
ミジンダルマガムシ属　745
ミズアブ　1448
ミズアブ科　794, 1445, 1447-1449
ミズカゲロウ　437, 438
ミズカゲロウ科　437, 438
ミズカマキリ　335, 336
ミズカマキリ亜科　336
ミズカメムシ　371-374
ミズカメムシ科　334, 371-373
ミズギワイエバエ属　1660
ミズギワイエバエの1種　1661
ミズギワカメムシ　411, 413, 415, 418
アシナガミギワカメムシ科　333
ミズギワカメムシ科　331, 333, 409, 412, 413, 415
ミズギワカメムシ下目　409
ミズギワカメムシ属　331
ミズギワカメムシ族　416
ミズクサハムシ属　779
ミズクサユスリカ　1419, 1432, 1438
ミズクサユスリカ属　1422, 1431
ミズクサユスリカ属の1種　1410
ミスジアミメカワゲラ　285

ミスジイミャクオドリバエ　1489, 1490, 1494, 1497
ミスジシマカ　1062, 1075-1077, 1182, 1256
ミスジハボシカ　1046, 1111, 1112
ミスジホソカ　976, 983, 986, 989, 993, 994, 1003, 1005-1007
ミスジホソカ北海道亜種　994
ミズスマシ　740
ミズスマシ亜科　738, 739
ミズスマシ科　712, 713, 738, 741
ミズスマシ属　738, 739
ミズゾウムシ属　779
ミズタマシブキバエ属　1484, 1540, 1541, 1549, 1552
ミズタマヒメシブキバエ　1541
ミズタママメオドリバエ　1541
ミズバチ　692, 693
ミズバチ亜科　689
ミズバチ属　692, 693
ミズベビロウドエリユスリカ属　1390
ミズベビロウドエリユスリカ属の1種　1396, 1404
ミズムシ　343, 348, 349, 351, 353, 355
ミズムシ亜科　330, 348-350, 353-356, 358
ミズムシ科　330, 332, 340, 341, 349, 350, 353-356, 358
ミズムシ族　348
ミズメイガ亜科　695, 696, 699, 700, 702
ミズメイガトガリヒメバチ　693
ミゾシジミガムシ　755
ミゾシジミガムシ亜属　755
ミゾドロムシ属　771, 773, 774
ミゾナシミズムシ　342, 347, 349, 353, 355
ミゾナシミズムシ亜科　347, 349, 353, 355
ミダレナガレツヤユスリカ　1374
ミダレニセナガレツヤユスリカ　1310, 1393, 1403
ミツオビツヤユスリカ　1394, 1404
ミツオミジカオフタバコカゲロウ　93, 94, 97
ミットゲヒメカゲロウ　73
ミットゲヒメカワカゲロウ　34, 72, 73
ミットゲヒメシロカゲロウ科　73
ミットゲヒメシロカゲロウ属の1種　49
ミットゲマダラカゲロウ　36, 77-79, 81
ミツホシイエカ　1050, 1054, 1134
ミツボシソベバエ　1650, 1651
ミツマタコヒゲナガトビケラ　645, 654
ミツモンクサツミトビケラ　646, 655
ミドリカワゲラ科　274-278, 304, 305, 307
ミドリカワゲラモドキ属　293
ミドリタニガワカゲロウ　44, 124-126, 131
ミドリナカヅメヌマユスリカ　1313, 1318, 1319, 1336
ミドロミズメイガ　695, 698, 699, 702-704
ミドロミズメイガ属　696
ミナカワトゲタニガワトビケラ　536, 538
ミナヅキヒメヒラタカゲロウ　46, 139, 140, 143, 144
ミナミイソベバエ　1650
ミナミイソベバエ属　1644, 1649
ミナミカトリバエ　1658, 1660
ミナミカワトンボ科　155, 159
ミナミカワトンボ属　159
ミナミクチナガアミカ　925, 926
ミナミケブカエリユスリカ属　1376, 1406
ミナミケブカエリユスリカ属の1種　1377, 1393
ミナミシロオビユスリカ　1419
ミナミセンブリ　432, 433

1723

ミナミタニガワカゲロウ　44, 124-126, 131
ミナミツブゲンゴロウ　728
ミナミトンボ　212, 217, 259
ミナミトンボ属　212, 217
ミナミハマダライエカ　1050, 1052, 1054, 1130, 1232
ミナミヒメガムシ　759
ミナミヒメクダトビケラ　545, 551
ミナミヒメユスリカ　1336
ミナミヒメユスリカ属　1320, 1335, 1336
ミナミヒラタカゲロウ　52, 134, 136, 141
ミナミヘビトンボ　434, 435, 436
ミナミホソカワゲラ属　323
ミナミマダラタニガワカゲロウ　124, 125
ミナミミジカオフタバコカゲロウ　93, 94, 97
ミナミヤマトンボ科　182, 208
ミナミヤマトンボ属　208
ミナミヤンマ　207, 257
ミナミヤンマ科　182, 206
ミナミヤンマ属　206
ミナミユスリカ　1410, 1418, 1429, 1432
ミナミユスリカ属　1416, 1427
ミナモオドリバエ亜属　1500, 1501
ミナモオドリバエ属　1484, 1498, 1500, 1502, 1503, 1506, 1507, 1508
ミネトワダカワゲラ　308
ミネマルヒゲヤチバエ　1618
ミノツットビケラ属　590, 597
ミノヤマナガレトビケラ　488, 497
ミミタニガワトビケラ　531, 533-535
ミヤガセコジロユスリカ　1322
脈翅目　437
ミヤケエグリトビケラ　616, 626
ミヤケミズムシ　349, 353, 355, 359
ミヤコオオブユ　1289, 1291, 1293, 1301-1303
ミヤコクダトビケラ　546, 549, 550
ミヤコヒゲナガトビケラ　644, 653
ミヤジマトンボ　226-228
ミヤタケデルマガムシ　745, 750
ミヤマアカネ　233, 234, 237
ミヤマイワトビケラ属　469, 560, 563-565
ミヤマカクツットビケラ　605, 612
ミヤマカクツットビケラ属　604, 612
ミヤマカワトンボ　155, 156, 246
ミヤマケミャクシブキバエ　1523, 1524, 1526, 1530, 1533, 1535
ミヤマコマドアミカ　868, 869, 872, 914-916
ミヤマサナエ　194, 195, 255
ミヤマサナエ属　195
ミヤマシマトビケラ亜科　456, 571, 574, 576, 577
ミヤマシマトビケラ属　571, 574, 576, 577
　DC ミヤマシマトビケラ属　577
ミヤマセダカオドリバエ　1513
ミヤマタニガワカゲロウ　123, 124, 130
ミヤマタニガワカゲロウ属　122, 123, 129, 130
ミヤマタニガワカゲロウ属の1種　129
ミヤマナガレアブ　1456-1459
ミヤマノギカワゲラ　279, 281
ミヤマノギカワゲラ属　280
ミヤマハムグリユスリカ　1411, 1419
ミヤマフタマタアミカ　861, 876-879, 908, 917, 919, 920
ミヤマミズスマシ　740

ミヤマミズバチ　690, 692, 693
ミヤマヤマトアミカ　869
ミヤマユスリカ　1380
ミヤマユスリカ属　1379
ミヤラシマカ　1062, 1076, 1079, 1260
ミユキシジミガムシ　755
ミルンヤンマ　181, 184-186, 252
ミルンヤンマ属　183, 185

む

ムカシアブ　1467, 1469, 1471, 1473, 1477
ムカシアブ属　1467, 1471, 1478
ムカシオオブユ　1289, 1291, 1293, 1301, 1303
ムカシゲンゴロウ　717
ムカシゲンゴロウ科　712, 713, 715, 717
ムカシトンボ　152, 154, 180, 251
ムカシトンボ亜目　152, 180
ムカシトンボ科　180
ムカシトンボ属　180
ムカシブユ亜科　1303
ムカシヤンマ　181, 182, 251
ムカシヤンマ科　180, 182
ムカシヤンマ属　182
ムスジイトトンボ　176, 177, 250
ムツアカネ　232, 233, 238
ムツボシツヤコツブゲンゴロウ　716, 717
ムツモンミズタマシブキバエ　1487, 1541
ムナカタミズメイガ　698, 699, 701-704
ムナクボエリユスリカ　1386
ムナクボエリユスリカ属　1387, 1399
ムナクボエリユスリカ属の1種　1396
ムナグロエダゲヒゲユスリカ　1424
ムナグロキハダヒラタカゲロウ　138, 142, 143
ムナグロナガレトビケラ　477, 478, 484, 493
ムナゲカ属　1045, 1060
ムナケブユ亜属　1289
ムナゲマルヒゲヤチバエ　1617-1619, 1631, 1634-1636
ムナトゲエリユスリカ属　1381, 1406, 1407
ムナトゲエリユスリカ属の1種　1380, 1394, 1397
ムナビロツヤドロムシ　769, 770
ムナビロツヤドロムシ属　770
ムナミゾマルヒメドロムシ　776
ムネオナシカワゲラ　314
ムネカクトビケラ　557, 559
ムネカクトビケラ科　455, 459, 463, 469, 472, 557
ムネカクトビケラ属　463, 469, 472, 557, 559
ムネカクトビケラ属の1種　557
ムネシロチビカ　1084, 1086, 1211
ムネシロヤブカ　1064, 1071, 1073
ムネモンマルハナノミ　763, 764
ムモンイソアシナガバエ属　1562
ムモンウスバキトビケラ　615, 626
ムモンエグリトビケラ　617, 622, 624, 626
ムモンチビコツブゲンゴロウ　716
ムモントラフユスリカ　1333
ムモンミズカメムシ　371, 373
ムモンミズタマシブキバエ　1541
ムラサキトビケラ　448, 586-589
ムラサキトビケラ属　463, 587, 589
ムラサキヌマカ　1047

め

メガネサナエ 195-197
メガネサナエ属 193, 195
メクラケシゲンゴロウ 723, 727
メクラケシゲンゴロウ属 722, 723
メクラゲンゴロウ 722, 727
メクラゲンゴロウ属 719, 722
メクンナハゴイタヒメトビケラ 506, 509
メシマカイガンニセミギワバエ 1647
メスグロミナモオドリバエ 1501, 1502, 1504
メスジロオオミナモオドリバエ 1501, 1504
メスジロナガレオドリバエ 1504
メスジロミナモオドリバエ 1503
メススジゲンゴロウ 736
メススジゲンゴロウ属 733, 734, 736
メミズムシ 359, 361
メミズムシ科 332, 359, 361
メンノキカクツツトビケラ 602, 609
メンノキダルマガムシ 746

も

モイワサナエ 199, 200
毛翅目 449
モートンイトトンボ 173
モートンイトトンボ属 170, 173
モセリーヒゲナガトビケラ 645, 654
モタカンタナガレトビケラ 482, 491
モトヒメガガンボ属 829, 830, 837
モノサシトンボ 166, 167
モノサシトンボ科 153, 165
モノサシトンボ属 165, 166
モノミクロバラアブ 1474
モバエリユスリカ属 1391
モバユスリカ 1396
モバユスリカ属 1371
モバユスリカ属の1種 1394, 1401
モモヤコエグリトビケラ 629, 630
モリクサツミトビケラ 646, 652, 655
モリシタクダトビケラ 545, 550
モリソノツノマユブユ 1300
モリタイワトビケラ 562, 566
モリトンボ 182, 214, 216
モリモトケシカタビロアメンボ 382, 383, 387, 391
モロフィルス属 827
モンオナシカワゲラ類縁種 312
モンカゲロウ 33, 68-71
モンカゲロウ亜属 68, 69
モンカゲロウ科 33, 56, 58, 67, 68, 70, 71
モンカゲロウ属 68
モンカマオドリバエ 1515
モンカワゲラ 294, 297, 298
モンカワゲラ亜科 296, 298
モンカワゲラ属 295, 296, 299
モンカワゲラ族 295, 296, 299, 325
モンカワゲラ族の1種 297, 298
モンキタヤチバエ 1628, 1629, 1634, 1638
モンキツヤミズギワカメムシ 410, 413, 417
モンキヒラアシユスリカ 1317, 1332
モンキマメゲンゴロウ 731
モンキマメゲンゴロウ属 731
モンクロカマオドリバエ 1514, 1515
モンコチビミズムシ 341, 342, 347
モンシロミズギワカメムシ 409, 412, 416
モントビケラ族 616
モンナシハマダラカ 1039, 1040, 1100
モンヌマユスリカ 1320, 1341
モンヌマユスリカ属 1320, 1337, 1341
モンフサケユスリカ 1311
モンヘビトンボ 434
モンヘビトンボ属 429, 434
モンホソカワゲラ 322
モンユスリカ亜科 1309-1323
モンユスリカ属 1318, 1343, 1345
モンユスリカ属の1種 1345

や

ヤエヤマイワシミズホソカ 984, 986, 988, 997, 998, 1004, 1010, 1012, 1013
ヤエヤマオオカ 1089
ヤエヤマオオクダトビケラ 546, 551
ヤエヤマコオナガミズスマシ 739
ヤエヤマサナエ 198, 199
ヤエヤマシマトビケラ 573, 575, 579, 581
ヤエヤマチビマルヒゲナガハナノミ 767
ヤエヤマナガハシカ 1087, 1217
ヤエヤマナガレアブ 1458, 1461
ヤエヤマハナダカトンボ 158, 159, 246
ヤエヤマヒメトビケラ 502, 505
ヤエヤマホソバトビケラ 657, 660
ヤエヤママダラカゲロウ 86, 87
ヤエヤママルヒラタドロムシ 767, 768
ヤエヤマミズメイガ 698, 700
ヤエヤマモンヘビトンボ 434, 435
ヤエヤマヤブカ 1074
ヤギマルケシゲンゴロウ 726
ヤグキキタモンユスリカ 1319, 1331
ヤクシマスナツットビケラ 601, 608
ヤクシマトゲオトンボ 160
ヤクシロカゲロウ 438, 439
ヤクタニガワトビケラ 539, 541, 542
ヤクハバビロドロムシ 772
ヤクマルヒラタドロムシ 766
ヤシャゲンゴロウ 736, 737
ヤスマツアメンボ 394, 397, 400, 402, 404
ヤスマツコシボソガガンボ 946, 947, 949
ヤセコヤマトビケラ 517-519, 521
ヤチアミメトビケラ 587, 588
ヤチトビケラ 586-589
ヤチトビケラ属 587
ヤチバエ亜科 1612
ヤチバエ科 794, 1611
ヤチバエ族 1612, 1613
ヤチヤリバエ 1571
ヤチユスリカ 1418, 1438
ヤチユスリカ属 1417
ヤツシロハマダラカ 1040, 1042, 1104
ヤドリハモンユスリカ 1414
ヤドリユスリカ 1383, 1401
ヤドリユスリカ属 1382, 1391
ヤネヒメタニガワトビケラ 540, 541
ヤノキゴシガガンボ 850

ヤブカ属　1044, 1045, 1060, 1061, 1066
ヤブヤンマ　184, 188, 253
ヤブヤンマ属　183, 188
ヤマイトトンボ科　155, 160
ヤマガタトビイロトビケラ　614, 619, 622, 625
ヤマガタミヤマトビケラ　618, 627
ヤマクサカワゲラ　291, 292
ヤマグチキンメアブ　1472
ヤマケブカエリユスリカ　1377
ヤマケブカエリユスリカ属　1376
ヤマサナエ　194, 198
ヤマシロムネカクトビケラ　558, 559
ヤマダオオカ　1089, 1222
ヤマダシマカ　1062, 1075, 1077, 1078, 1185, 1258
ヤマダシマカ亜種　1259, 1260
ヤマトアケボノオドリバエ　1485, 1510-1512
ヤマトアブ　1468, 1474, 1475
ヤマトアミカ　869
ヤマトアミカ属　913
ヤマトイソユスリカ　1311, 1316, 1350
ヤマトオナシカワゲラ　314
ヤマトカイガンニセミギワバエ　1647, 1649
ヤマトカワゲラ　294, 295, 297, 298
ヤマトカワゲラ属　299
ヤマトクシヒゲガ　1058, 1148
ヤマトクチナガアミカ　861, 903, 904, 911, 925, 926
ヤマトクチナガヤセオドリバエ　1486, 1542, 1544, 1545
ヤマトクロスジヘビトンボ　431, 432, 435
ヤマトケバネエリユスリカ　1377
ヤマトコカゲロウ　95
ヤマトコシボソガガンボ　946, 947, 950, 952
ヤマトコブナシユスリカ　1414
ヤマトコマドアミカ　861, 868-870, 911, 913-915
ヤマトゴマフガムシ　760
ヤマトコヤマトビケラ　518, 521
ヤマトセンブリ　431, 433
ヤマトツツトビケラ　591, 593-595
ヤマトニセミギワバエ　1646, 1648
ヤマトハボシカ　1046, 1110
ヤマトハマダラカ　1039, 1041, 1102
ヤマトビケラ科　456, 458, 461, 462, 466, 468, 471, 514, 517, 518, 521, 523, 524
ヤマトビケラ属　462, 466, 468, 471, 514, 515, 517, 518, 523
ヤマトヒメミドリカワゲラ　305, 307
ヤマトヒメユスリカ　1314, 1317, 1322, 1323, 1333
ヤマトヒロバカゲロウ　440, 441
ヤマトホソガムシ　748, 750
ヤマトホソバネヤチバエ　1622, 1632, 1633
ヤマトホホナガシブキバエ　1487, 1538
ヤマトミジカオカワゲラ　309, 310
ヤマトミドリカワゲラ　307
ヤマトヤチバエ　1624, 1632, 1633
ヤマトヤブカ　1064, 1070, 1071, 1167, 1168, 1241
ヤマトヤブカ亜種　1242, 1243
ヤマトユスリカバエ　1271-1274
ヤマトンボ科　182, 209
ヤマナカナガレトビケラ　446, 476, 477, 481, 482, 490
ヤマノウチヤマトビケラ　523
ヤマヒメユスリカ　1320, 1321, 1348
ヤマヒメユスリカ属　1321, 1347-1349
ヤマブユ属　1299, 1302

ヤマモトセンカイトビケラ　645, 655
ヤマユスリカ亜科　1309-1311, 1313, 1316, 1353-1355
ヤマユスリカ属　1353, 1356-1358
ヤモンユスリカ　1410, 1429, 1438
ヤヨイミヤマタニガワカゲロウ　123, 129
ヤリバエ科　1565, 1568, 1570
ヤリバエ属　1571
ヤンバルギンモンカ　1087, 1088, 1218, 1219
ヤンバルトゲオトンボ　161
ヤンマ科　153, 180, 183

ゆ

ユウキクサツミトビケラ　646, 652, 655
ユウキナガレトビケラ　487, 495
ユウレイガガンボ属　846
ユガワラクロバネトビケラ　630, 631
ユキエグリトビケラ　448, 618, 623, 626
ユキエグリトビケラ属　616, 623
ユキエグリトビケラ族　616
ユキクロカワゲラ　317, 319
ユキクロカワゲラ属　316, 318
ユキクロカワゲラ属の1種　317
ユキシタカワゲラ属　309
ユキシタカワゲラ属の1種　278, 310
ユキユスリカ属　1355, 1361, 1363
ユスリカ亜科　1309-1315, 1408, 1410, 1411, 1414, 1415, 1418, 1419, 1424, 1426, 1428, 1429, 1432, 1433, 1438, 1439
ユスリカ科　794, 1307, 1309-1316
ユスリカ属　1427
ユスリカ族　1408, 1410, 1411, 1414, 1415, 1418, 1419, 1426, 1439
ユスリカ属の1種　1411
ユスリカバエ科　794, 1271, 1273, 1275, 1276
ユスリカバエ属　1271, 1274-1276
ユノコヒメエリユスリカ　1383
ユノタニカクツツトビケラ　602, 609
ユビオナシカワゲラ属　311-313, 315
ユミアシヒメフタマタアミカ　876, 877, 886, 887, 917, 918, 920
ユミガタニセコブナシユスリカ　1310, 1432, 1439
ユミナガレトビケラ　482, 491
ユミナリホソミユスリカ　1418
ユミモントビケラ　448, 626
ユミモントビケラ属　616, 620, 623
ユミモントビケラ属の1種　624
ユミモンヒラタカゲロウ　126, 134-136, 141, 142
ユワンスナツツトビケラ　601, 608

よ

ヨウヒメユスリカ　1323, 1338
ヨウヒメユスリカ属　1323, 1335, 1338
ヨコスジヒメフタオカゲロウ　88
ヨコミゾドロムシ　769, 774
ヨコミゾドロムシ属　771, 773, 774
ヨサコイカクツツトビケラ　602, 609
ヨシイナガレトビケラ　476, 477, 483, 492
ヨシトミダルマガムシ　746
ヨシノコカゲロウ　94, 97
ヨシノナガレトビケラ　482, 491
ヨシノフタオカゲロウ　41, 114-116

索　引

ヨシノマダラカゲロウ　36, 77-79, 81
ヨシムラコナユスリカ　1311, 1368
ヨシムラヌマユスリカ　1315, 1318, 1319, 1328
ヨシムラユスリカ属　1319, 1324, 1328
ヨシヤスイソベバエ　1650
ヨスジキンメアブ　1467, 1469, 1472, 1473
ヨツオビハリユスリカ　1312, 1313
ヨックロモンミズメイガ　695, 698, 700-703
ヨックロモンミズメイガ属　697
ヨツハモンユスリカ　1311
ヨツボシイエカ　1050, 1052, 1054, 1127, 1230
ヨツボシクロヒメゲンゴロウ　733
ヨツボシトンボ　220, 224, 225
ヨツボシトンボ属　222, 224
ヨツメトビケラ　665-667
ヨツメトビケラ属　465, 665, 667
ヨナカクヒメトビケラ　508, 510
ヨナグニシジミガムシ　756
ヨナクニムナケブユ　1289, 1291, 1294

ら

ラウスナガケシゲンゴロウ　721
ラセンヒメトビケラ　502, 505
ラブドマスティクス属　825

り

リヴァースシマカ　1062, 1075-1077, 1180, 1255
リスアカネ　234, 236, 238
リネビチアヤマユスリカ属　1356
リュウキュウオオイチモンジシマゲンゴロウ　737
リュウキュウカクツットビケラ　603, 610
リュウキュウカトリヤンマ　188
リュウキュウギンヤンマ　191-193
リュウキュウクシヒゲカ　1057, 1058, 1144
リュウキュウクロウスカ　1055
リュウキュウクロスジヘビトンボ　434
リュウキュウクロホシチビカ　1085, 1210
リュウキュウコカゲロウ　109, 110
リュウキュウセスジゲンゴロウ　730
リュウキュウツヤヒラタガムシ　757
リュウキュウトビイロカゲロウ　60, 62
リュウキュウトビイロカゲロウ属　59, 60
リュウキュウトンボ　217
リュウキュウハグロトンボ　157, 246
リュウキュウヒメミズスマシ　740
リュウキュウベニイトトンボ　170, 171
リュウキュウマルガムシ　756
リュウキュウルリモントンボ　165, 167, 168
リュウコツヒメタニガワトビケラ　539, 540
リョウカクサワユスリカ　1355, 1360
鱗翅目　695

る

ルイスキムネマルハナノミ　763
ルイスツブゲンゴロウ　729
ルソンコブハシカ　1045, 1108, 1109
ルリイトトンボ　169, 176, 250
ルリイトトンボ属　170, 176
ルリボシヤンマ　189, 253
ルリボシヤンマ属　183, 189
ルリモントンボ属　165, 167

れ

レゼイナガレトビケラ　447, 476, 477, 481, 490

わ

ワタセヤブカ　1063, 1070, 1074, 1179, 1254
ワタナベオジロサナエ　203, 204
ワタナベダルマガムシ　746, 750
ワタナベナガケシゲンゴロウ　721

執筆者一覧 （五十音順）

池崎善博（いけざき　よしひろ）
長崎大学学芸学部卒業　元長崎女子短期大学教授　専門：ハナアブ科の分類，生態学

石田勝義（いしだ　かつよし）
愛媛大学大学院農学研究科修士課程修了　博士（農学）岐阜清翔高等学校教諭　専門：トンボ目の分類，生態学

石田昇三（いしだ　しょうぞう）
三重大学農学部林業科卒業　京屋代表取締役社長　専門：トンボ目の分類，生態学

石綿進一（いしわた　しんいち）
明治大学農学部卒業　神奈川工科大学客員教授　専門：昆虫（カゲロウ目）分類学

伊藤富子（いとう　とみこ）
北海道大学水産学部水産増殖学科卒業　農学博士　専門：水生昆虫学（トビケラ目）

稲田和久（いなだ　かずひさ）
近畿大学農学部水産学科卒業　姫路市立姫路高等学校教諭　専門：カワゲラの分類学・飼育

上本騏一（うえもと　きいち）
京都薬学専門学校卒業　元，京都府立医科大学医動物学教室研修員　医学博士　専門：ブユの分類，生態学

内田臣一（うちだ　しんいち）
東京都立大学大学院理学研究科生物学専攻博士課程中退　理学博士　愛知工業大学工学部土木工学科教授　専門：カワゲラ目の分類学，河川生態学

大石久志（おおいし　ひさし）
日本大学付属三島高等学校卒業　大阪市立自然史博物館外来研究員　専門：ハエ目の分類，生態学

岡崎克則（おかざき　かつのり）
北海道大学大学院環境科学研究科博士後期課程　学術修士　酪農学園大学環境共生学類野生動物保護管理学科研究室　専門：昆虫生態学

久原直利（くはら　なおとし）
北海道大学大学院農学研究科博士後期課程単位取得　博士（農学）　千歳市教育委員会　専門：トビケラ目の分類学，河川生態学

小西和彦（こにし　かずひこ）
九州大学大学院農学研究科博士後期課程中退　農学博士　愛媛大学大学院連合農学研究科教授　専門：ハチ目の系統分類学

川合禎次（かわい　ていじ）
別掲

三枝豊平（さいぐさ　とよへい）
九州大学大学院農学研究科修士課程修了　理学博士　九州大学名誉教授，三枝昆虫自然史研究所　専門：昆虫系統分類学

佐藤正孝（さとう　まさたか）
愛媛大学農学部卒業　理学博士　名古屋女子大学名誉教授　専門：甲虫類の分類　2006年8月逝去

篠永　哲（しのなが　さとし）
愛媛大学文理学部卒業　医学博士　元，東京医科歯科大学助教授　専門：衛生昆虫学

杉本美華（すぎもと　みか）
九州大学大学院比較社会文化研究科博士後期課程修了　理学博士　沖縄県与那国町立アヤミハビル館嘱託専門員，九州大学総合研究博物館専門研究員　専門：昆虫系統分類学，生態学，保全生物学

末吉昌宏（すえよし　まさひろ）
九州大学大学院比較社会文化研究科博士後期課程修了　国立研究開発法人森林研究・整備機構　森林総合研究所九州支所主任研究員　専門：双翅目の分類学，生態学

巣瀬　司（すのせ　つかさ）
北海道大学大学院農学研究科博士後期課程修了　農学博士　埼玉昆虫談話会副会長　専門：タマバエ，海浜性双翅類

諏訪正明（すわ　まさあき）
北海道大学大学院農学研究科博士課程修了　農学博士　北海道大学名誉教授　専門：双翅目昆虫の分類学

竹門康弘（たけもん　やすひろ）
京都大学大学院理学研究科博士課程修了　理学博士　京都大学防災研究所水資源研究センター准教授　専門：カゲロウ目の生態・分類，河川生態学

田中和夫（たなか　かずお）
独学　農学博士　元 U. S. Army Medical Laboratory, Pacific. Entomologist.　専門：蚊科，その他衛生害虫の分類

谷田一三（たにだ　かずみ）
別掲

永冨　昭（ながとみ　あきら）
九州大学農学部卒業　農学博士　鹿児島大学名誉教授　専門：アブ亜目（ハエ目）の分類　2005年5月逝去

中村剛之（なかむら　たけゆき）
九州大学大学院比較社会文化研究科博士後期課程修了　博士（理学）　弘前大学白神自然環境研究所准教授　専門：双翅目，長翅目昆虫の分類学的研究

新妻廣美（にいつま　ひろみ）
静岡大学大学院理学研究科修士課程修了　博士（農学）　静岡大学教育学部技術職員　専門：ユスリカ類の分類と生態

野崎隆夫（のざき　たかお）
静岡県立静岡薬科大学卒業　博士（農学）　専門：トビケラ目の分類

服部壽夫（はっとり　ひさお）
北海道大学大学院農学研究科修士課程修了　専門：トビケラ目の分類　2016年2月逝去

早川博文（はやかわ　ひろふみ）
東京農工大学農学部卒業，新潟大学医学部研究生　医学博士　元国際農林水産業研究センター畜産草地部長　専門：衛生害虫，アブ科の分類

林　文男（はやし　ふみお）
東京都立大学博士課程単位取得退学　理学博士　首都大学東京理工学研究科生命科学専攻教授　専門：動物生態学，動物行動学

林　正美（はやし　まさみ）
九州大学大学院農学研究科博士課程修了　農学博士　埼玉大学名誉教授，東京農業大学客員教授　専門：半翅類（カメムシ目）昆虫の系統分類学

藤谷俊仁（ふじたに　としひと）
大阪府立大学大学院農学生命科学研究科　博士（農学博士）　いであ株式会社　専門：カゲロウ目の分類と生態

古屋八重子（ふるや　やえこ）
京都大学大学院理学研究科修士課程修了　専門：水生昆虫学

枡永一宏（ますなが　かずひろ）
九州大学大学院比較社会文化研究科博士後期課程単位取得退学　博士（理学）　滋賀県立琵琶湖博物館専門学芸員　専門：双翅目アシナガバエ科の分類，系統進化，生物地理

宮城一郎（みやぎ　いちろう）
北海道大学大学院農学研究科博士課程　農学博士　琉球大学名誉教授　専門：衛生動物学，ハエ目の昆虫学

宮本正一（みやもと　しょういち）
広島文理大学生物学科卒業　農学博士　元筑紫女子学園短期大学教授　専門：昆虫系統分類学　2010年8月逝去

山本　優（やまもと　まさる）
九州大学大学院農学研究科　農学博士　国立環境研究所客員研究員（日本ユスリカ研究会会長）　専門：ユスリカ科の系統分類学

吉富博之（よしとみ　ひろゆき）
愛媛大学大学院連合農学研究科卒業　Ph.D　愛媛大学大学院連合農学研究科准教授　専門：甲虫類の系統分類学

吉成　暁（よしなり　ぎょう）
東邦大学大学院理学研究科生物学専攻修士課程修了　いであ株式会社環境創造研究所　専門：カワゲラ目の分類

吉安　裕（よしやす　ゆたか）
九州大学大学院農学研究科修士課程修了　農学博士　元京都府立大学教授，大阪府立大学生命環境科学研究科客員研究員　専門：鱗翅目昆虫，主にメイガ上科の分類と生活史の解明

Bradley J. Sinclair
PhD Biology, Carleton University, Ottawa, Canada
Present position. Entomologist, Canadian Food Inspection Agency
Systematics and taxonomy of Diptera, especially Empidoidea

装丁　　中野達彦

編者紹介

川合禎次（かわい　ていじ）
京都大学理学部動物学専攻卒業　理学博士
奈良女子大学名誉教授
専門：水生昆虫学，動物学，陸水学
2005年4月逝去

谷田一三（たにだ　かずみ）
京都大学大学院理学研究科動物学専攻博士課程単位取得中退
理学博士（京都大学）
大阪市立自然史博物館館長，大阪府立大学名誉教授
専門：系統分類学，河川生態学，応用生態工学

日本産水生昆虫 ── 科・属・種への検索【第二版】
Aquatic Insects of Japan: Manual with Keys and Illustrations　The Second Edition

2018年3月31日　第2版第1刷発行
2005年1月20日　第1版第1刷発行

編著者　川合禎次・谷田一三
発行者　橋本敏明
発行所　東海大学出版部
〒259-1292　神奈川県平塚市北金目4-1-1
TEL　0463-58-7811　FAX　0463-58-7833
振替　00100-5-46614
URL　http://www.press.tokai.ac.jp
印刷所　港北出版印刷株式会社
製本所　誠製本株式会社

ⓒ Teizi KAWAI & Kazumi TANIDA　　ISBN978-4-486-01774-5

・JCOPY ＜出版者著作権管理機構　委託出版物＞
本書（誌）の無断複製は著作権法上での例外を除き禁じられています．複製される場合は，そのつど事前に，出版者著作権管理機構（電話03-3513-6969，FAX 03-3513-6979，e-mail: info@jcopy.or.jp）の許諾を得てください．